Drill 4

Plantyn

PRÉSENTATION

Drill 4 est destiné aux élèves de seconde année du second cycle de l'école fondamentale ou de quatrième année de l'école primaire.

Drill 4 comprend 29 séries d'exercices qui peuvent servir d'activités de **renforcement** ou de **dépassement** pour les élèves ayant déjà réalisé les apprentissages relatifs aux concepts mathématiques envisagés. Ces exercices d'entraînement leur permettent de **structurer leurs acquis**.

Drill 4 ne présente pas d'activités d'apprentissage.

Ces fichiers peuvent être utilisés individuellement par ces élèves alors que d'autres élèves réalisent des activités avec l'enseignant.
Les consignes sont présentées de manière à permettre à l'élève de travailler seul, sans l'aide de l'enseignant. La signification de chaque consigne est décrite dans la table des matières au terme de l'ouvrage.

Les 29 séries d'activités regroupent chacune, autour d'un même thème, 4 fiches d'exercices. Ces séries de fiches couvrent les principaux concepts arithmétiques reliés à la numération et aux opérations arithmétiques prévus par les programmes de l'enseignement.

La quatrième fiche de chaque série reprenant le symbole  présente au moins une difficulté supérieure à celles des autres fiches de la série.

Drill 4 poursuit les objectifs de **structurer** et de **renforcer les acquis arithmétiques** des élèves.

ISBN 978-2-8010-0496-8 • DRIL40W/02-007 • D2019/0120/158

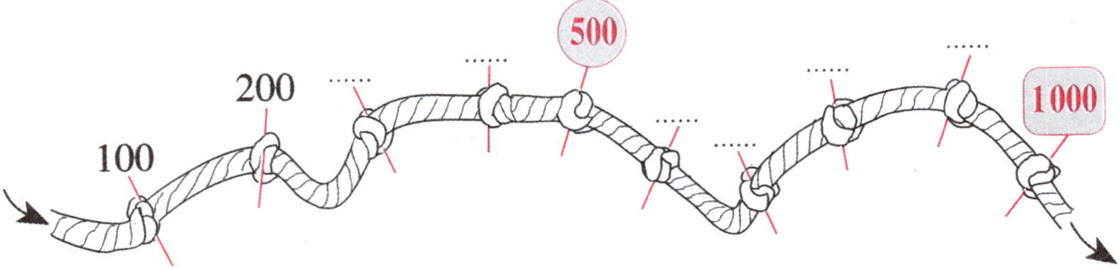

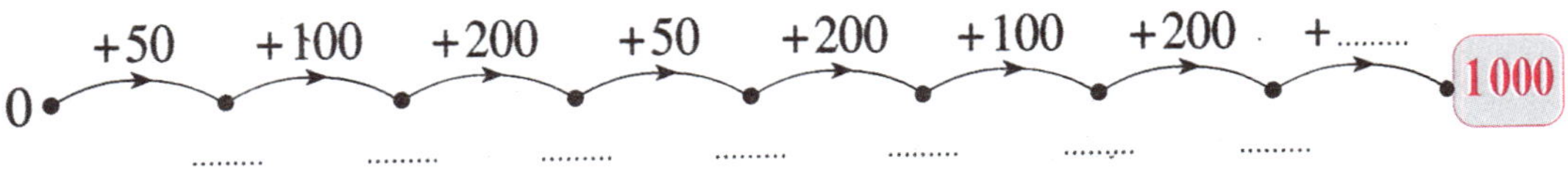

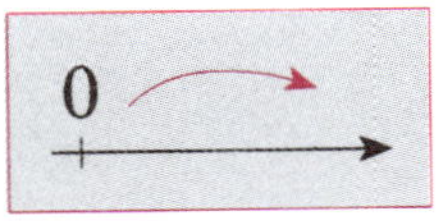

9 - 99 - 19 - 109 - 90 - 999 - 909
9 -

888 - 18 - 81 - 80 - 88 - 8 - 108
8 -

70 - 707 - 77 - 17 - 7 - 777 - 717
7 -

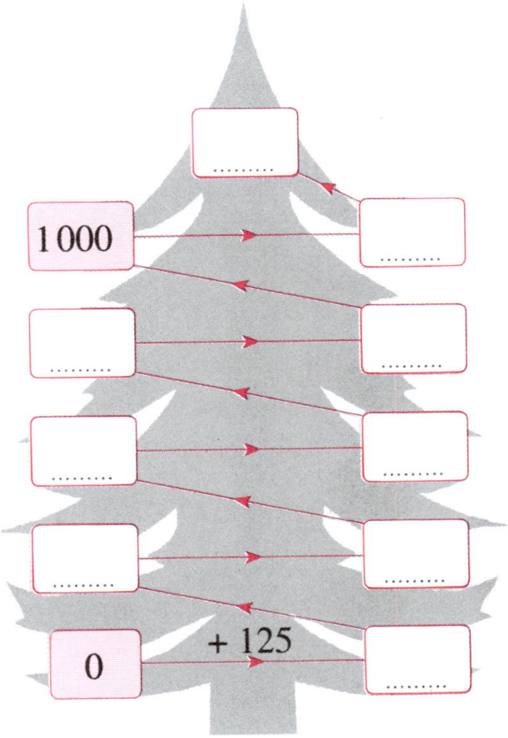

N ______________________ D ______________

1 ..... / .....

1 000 =	1 000 =	1 000 =
900 + ...	100 + ...	700 + ...
800 + ...	300 + ...	1 000 + ...
600 + ...	200 + ...	950 + ...
400 + ...	500 + ...	0 + ...

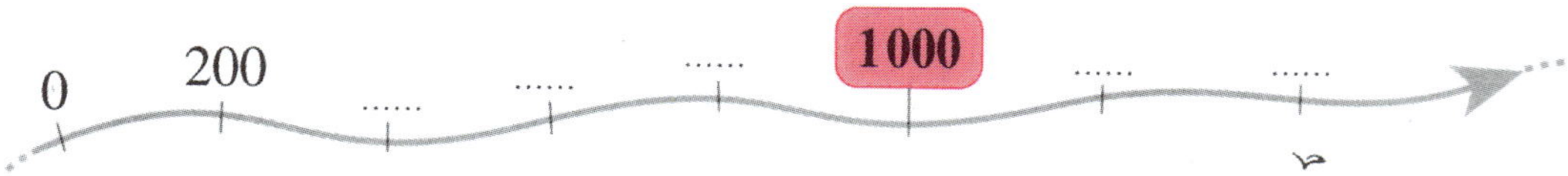

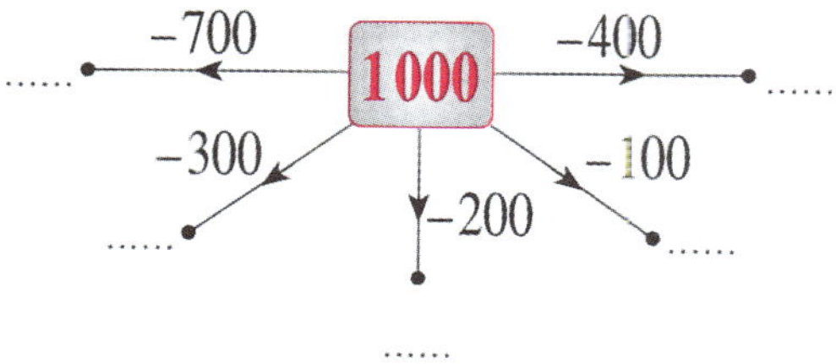

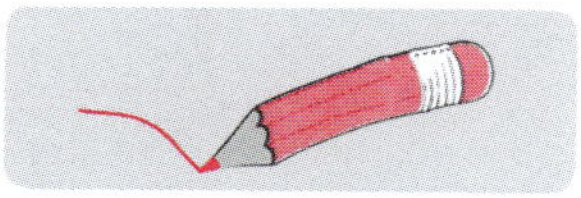

1000 =

1000 =		1000 =		1000 =	
250	650	110	820	220	720
350	800	180	920	240	780
200	750	80	890	280	760
150	850	90	810	210	710
0	1000	190	910	290	790

 N ______________________ D ______________

<table>
<tr><th colspan="8">1000</th></tr>
<tr><td colspan="4">......</td><td colspan="4">......</td></tr>
<tr><td colspan="2">......</td><td colspan="2">......</td><td colspan="2">......</td><td colspan="2">......</td></tr>
<tr><td>......</td><td>......</td><td>......</td><td>......</td><td>......</td><td>......</td><td>......</td><td>......</td></tr>
</table>

$\frac{1}{2} \cdot 1000 =$ ......

$\frac{1}{4} \cdot 1000 =$ ......

$\frac{1}{8} \cdot 1000 =$ ......

1000 : 2 = ...

1000 : 4 = ...

1000 : 8 = ...

1 000 =	1 000 =	1 000 =	1 000 =
2 x	8 x	20 x	25 x ....
4 x	10 x	50 x	125 x ....
5 x	100 x	1 000 x	250 x ....

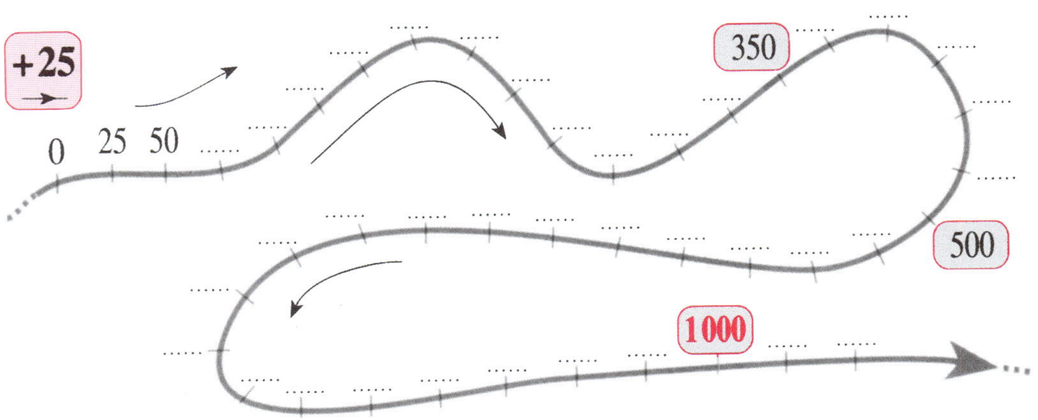

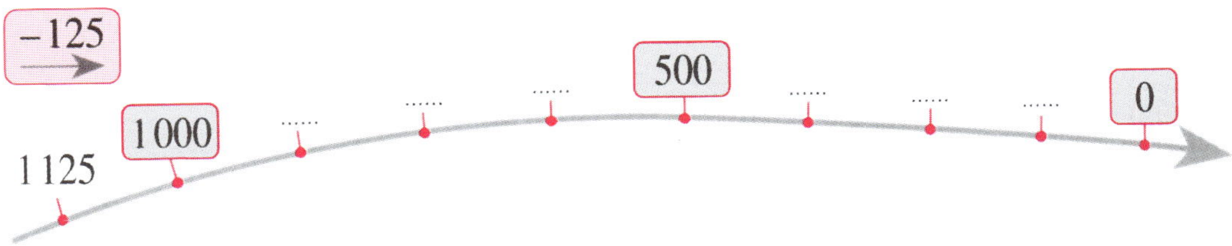

1 ___/___

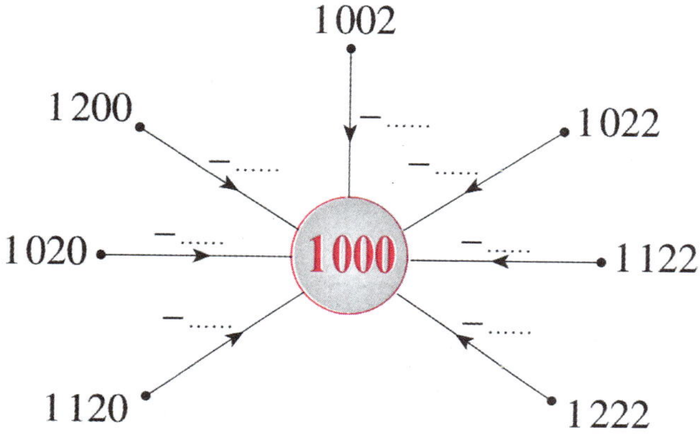

1 000 =

12 000 – ....
10 000 – ....
13 000 – ....
15 000 – ....
17 000 – ....
19 000 – ....
1 200 – ....
12 200 – ....

0 →

1 220 - 1 000 - 1 200 - 1 202 - 1 002 - 1 122 - 1 020 - 1 022 - 1 120
1 000 -

1 000 =

1 030 – 30	1 400 –	1 606 –	1 550 – ....
1 300 –	1 440 –	1 660 –	1 050 – ....
1 003 –	1 040 –	1 066 –	1 055 – ....
1 033 –	1 004 –	1 060 –	1 150 – ....

–1000

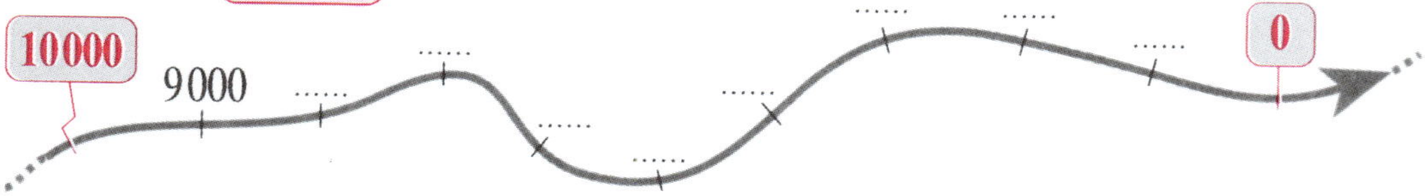

N ________________________________ D ______________

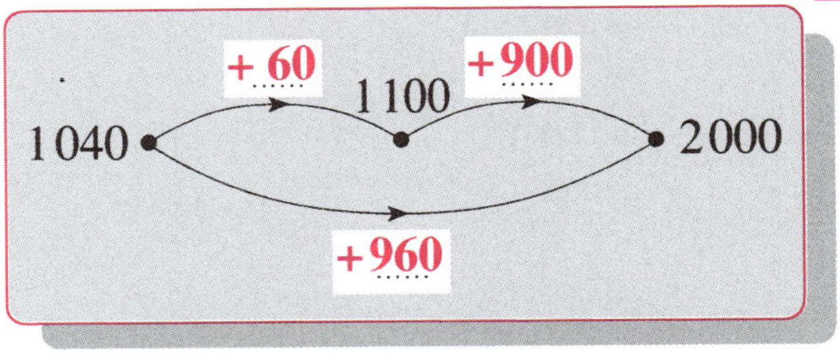

2 000 =

1 200 + ...	1 300 + ...	1 700 + ...	1 000 + ...
1 400 + ...	1 500 + ...	1 900 + ...	1 800 + ...
1 600 + ...	1 100 + ...	2 000 + ...	1 950 + ...

1030 + ... = 2000

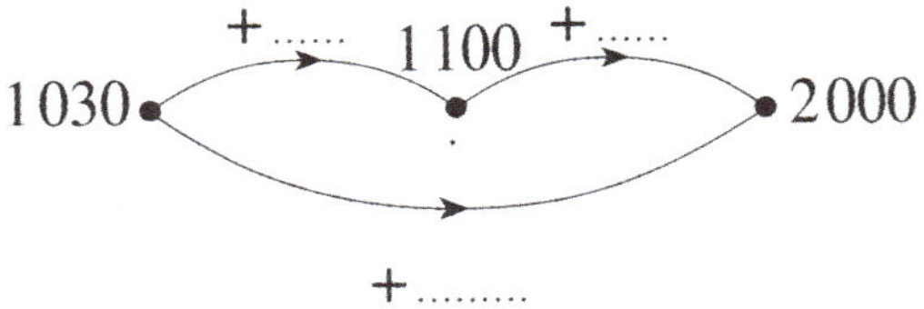

1030 + ...

1070 + ... = 2000

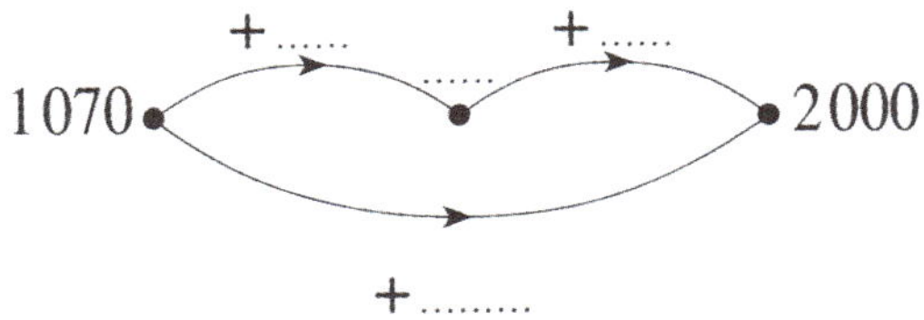

1070 + ...

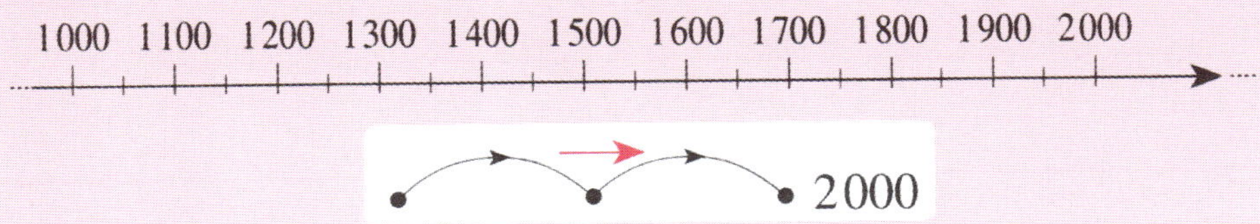

1090 + ... = 2000

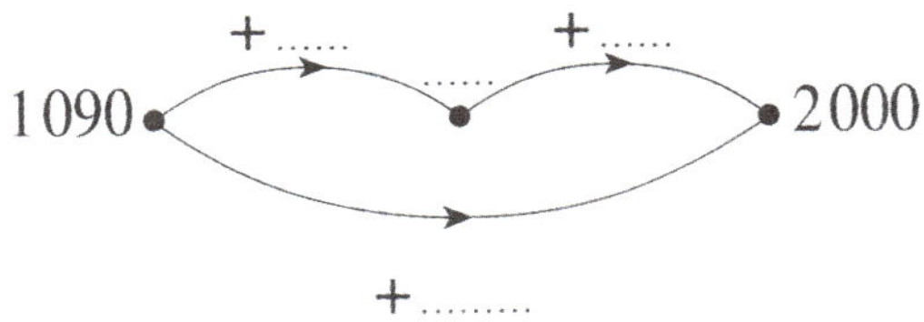

1090 + ...

 N ______________________ D ______________

2 ___/___

1010 + ... = 2000 ⇨ 1010 +...... ...... +...... 2000 +......... | 1010 + ...

1050 + ... = 2000 ⇨ 1050 +...... ...... +...... 2000 +......... | 1050 + ...

1000 =	
100 + ...	200 + ...
300 + ...	400 + ...
500 + ...	600 + ...
700 + ...	800 + ...
900 + ...	1000 + ...

5000 =	
1000 + ...	2000 + ...
3000 + ...	4000 + ...
5000 + ...	100 + ...
5500 + ...	4200 + ...
4300 + ...	4800 + ...

1100 + ... = 5000 ⇨ 1100 **+900** 2000 **+3000** 5000 **+3900** | **5000** 1100 + **3900**

1300 + ... = 5000 ⇨ 1300 +...... ...... +...... 5000 +......... | **5000** 1300 + ...

 N ______________________ D ______________

+...... ...... +......
1800 → 6000
+.........

+...... ...... +......
1200 → 4000
+.........

+...... ...... +......
2300 → 7000
+.........

+...... ...... +......
6100 → 9000
+.........

+...... ...... +......
4800 → 6000
+.........

+...... ...... +......
5200 → 7000
+.........

1000 2000 3000 4000 5000 6000 7000 8000 9000 10000

10000 =	
7000	4000
8000	3000
6000	2000
5000	5000

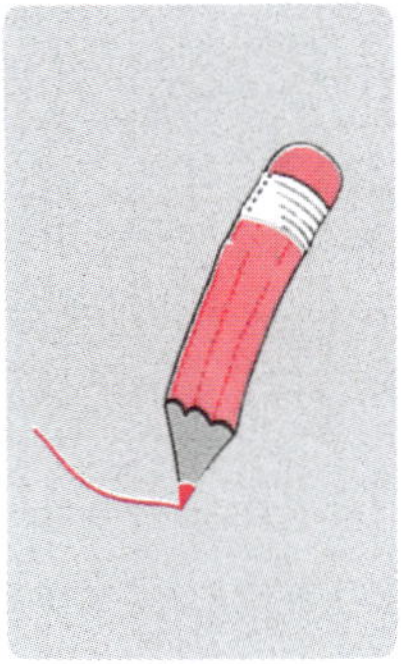

10000 =	
7000	4000
8000	3000
6000	2000
5000	5000

1250 +750 .... +8000 .... +200 .... −400 .... −4800 ....

 N ______________________ D ______________

2 ___/___

= 10 000

1 250 + ...	9 990 + ...	5 000 + ...	6 000 + ...
3 700 + ...	9 900 + ...	5 500 + ...	4 000 + ...
8 500 + ...	9 950 + ...	5 550 + ...	6 400 + ...

< , = , >

.... 750 + 1 250		.... 2 200 – 200
.... 10000 – 6 200		.... 1 200 + 3 600
.... 10000 – 5 400		.... 6 600 – 2 000
.... 10000 – 750		.... 9 250 + 500

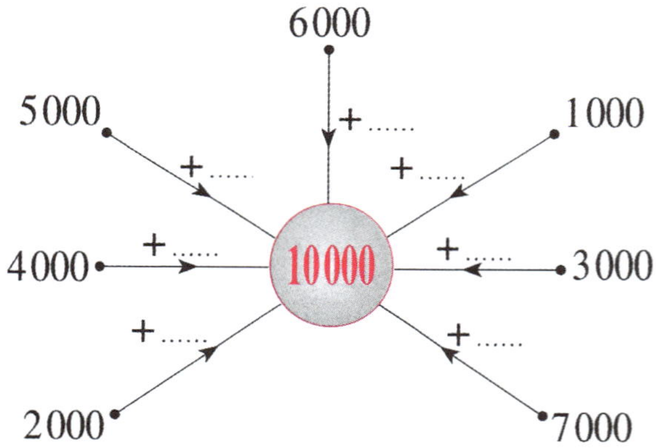

2500	+ .... →	5000	2000	+ .... →	8000	4500	+ .... → 9000
1500	+ .... →	5000	4000	+ .... →	8000	5700	+ .... → 9000
3200	+ .... →	5000	6500	+ .... →	8000	6800	+ .... → 9000

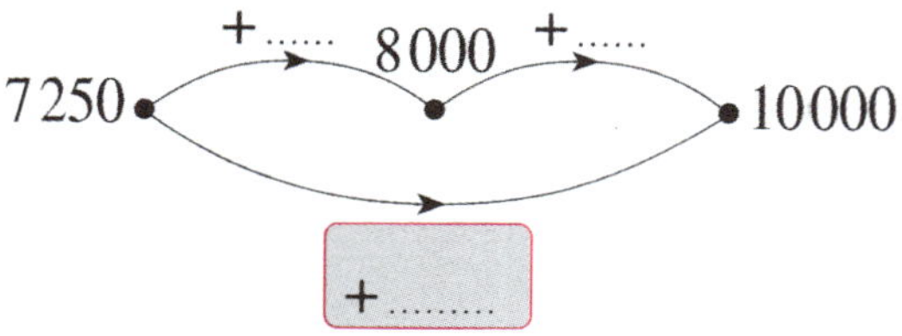

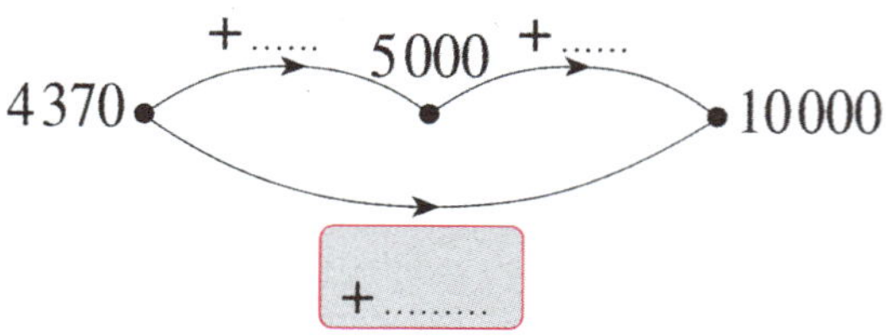

 N ______________________________ D ______________

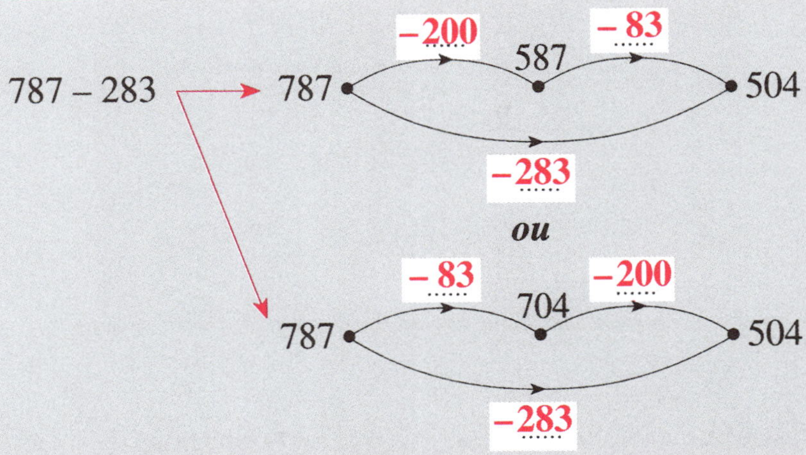

- *Tu dois décomposer le second terme de la soustraction;*
- *le premier terme de la soustraction ne change pas.*

CD – D

230 – 50

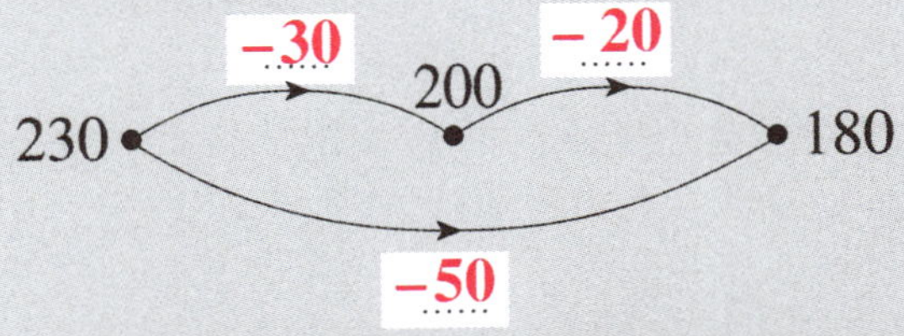

420 – 60

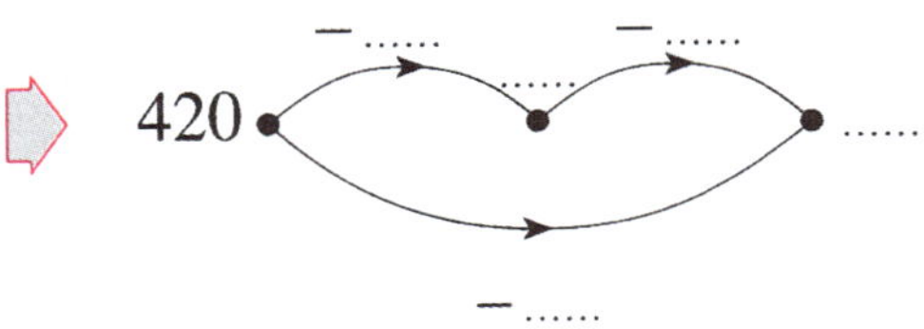

370 – 80

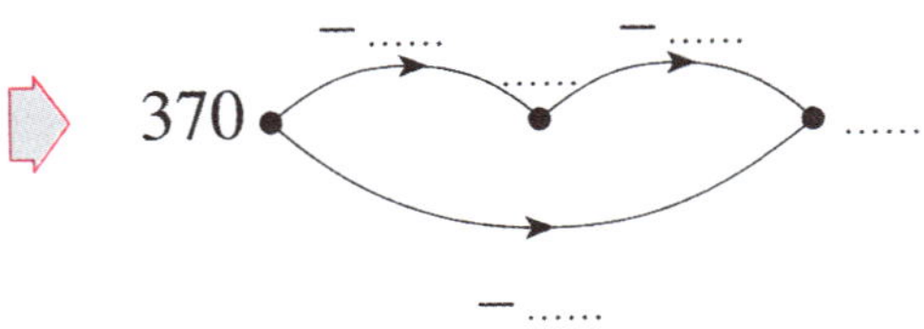

730 – 50 = ...

120 – 30 = ...

340 – 60 = ...

470 – 90 = ...

480 – 90 = ...

910 – 70 = ...

320 – 50 = ...

270 – 80 = ...

3 ...../.....

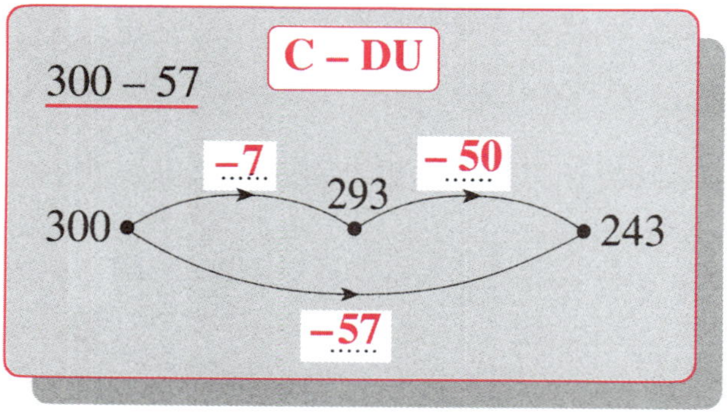

600 – 57 ➔ 600 → – ...... → ...... → – ...... → ...... ; – ......

500 – 63 ➔ 500 → – ...... → ...... → – ...... → ...... ; – ......

200 – 29 ➔ 200 → – ...... → ...... → – ...... → ...... ; – ......

400 – 48 ➔ 400 → – ...... → ...... → – ...... → ...... ; – ......

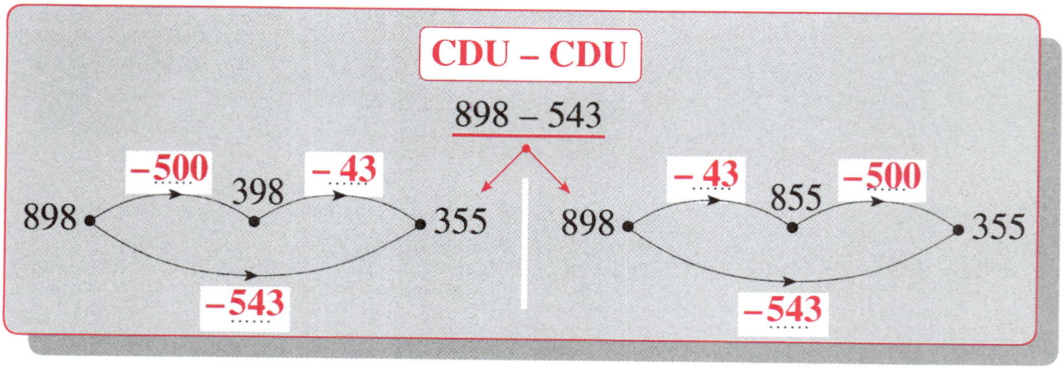

737 – 425 ➔ 737 → – ...... → ...... → – ...... → ...... ; – ......

988 – 445 ➔ 988 → – ...... → ...... → – ...... → ...... ; – ......

 N ______________________ D ______________

276 – 152 =

=±120

1 Écris d'abord ton estimation.

	C	D	U
	2	7	6
–	1	5	2
=	1	2	4

2 Le plus grand nombre est le 1er terme de la soustraction.

3 Dispose les chiffres des nombres en commençant par écrire les chiffres des unités.

584 – 472 =

	C	D	U
–			
=			

789 – 645 =

	C	D	U
–			
=			

972 – 651 =

	C	D	U
–			
=			

986 – 564 =

	C	D	U
–			
=			

738 – 617 =

	C	D	U
–			
=			

954 – 632 =

	C	D	U
–			
=			

 N ______ D ______

3 ___/___

276 – 152 = ⇨ 276 → −152 → 124 ; 124 → +152 → 276

	2	7	6
–	1	5	2
	1	**2**	**4**
+	**1**	**5**	**2**
	2	**7**	**6**

preuve

458 – 346 =

	C	D	U
–			
=			
+			
=			

938 – 725 =

	C	D	U
–			
=			
+			
=			

324 – 212

428 – 315

762 – 631

	7	3	1
–	...	2	...
	5	...	0

	7	8	5
–	...	...	2
	4	5	...

	...	...	...
–	1	4	3
	2	4	3

 N ______________________ D ______________

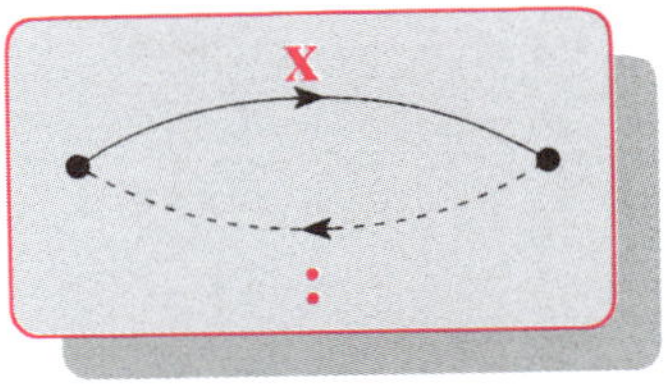

	1	2	3	4	5	6	7	8	9	10	11
5											
6											
7											
8											
9											
10											

x 3

1	2	3	4	5	6	7	8	9	10	11	12

x 4

1	2	3	4	5	6	7	8	9	10	11	12

x 2

- 2 → ....
- 6 → ....
- 3 → ....
- 7 → ....

x 2

- 10 → ....
- 40 → ....
- 60 → ....
- 70 → ....

x 2

- 11 → ....
- 13 → ....
- 14 → ....
- 17 → ....

 N ______________________ D ____________

4 ..../....

3 x 11 = ...	4 x 20 = ...	5 x 3 = ...	6 x 3 = ...
3 x 21 = ...	4 x 21 = ...	5 x 30 = ...	6 x 30 = ...
3 x 31 = ...	4 x 30 = ...	5 x 31 = ...	6 x 31 = ...
3 x 42 = ...	4 x 31 = ...	5 x 32 = ...	6 x 32 = ...
3 x 52 = ...	4 x 32 = ...	5 x 33 = ...	6 x 33 = ...

7 x 45 ⇨ (7 x 40) + (7 x 5) = ...

7 x 37 ⇨ (7 x ......) + (7 x ......) = ...

7 x 53 ⇨ (...... x ......) + (...... x ......) = ...

7 x 76 ⇨ (...... x ......) + (...... x ......) = ...

7 x 93 ⇨ (...... x ......) + (...... x ......) = ...

20 → x 8 → ☐

30 → x 9 → ☐

40 → x 7 → ☐

50 → x 8 → ☐

60 → x 9 → ☐

9 x 11 •	• 630
9 x 20 •	• 99
9 x 12 •	• 180
9 x 70 •	• 153
9 x 17 •	• 108

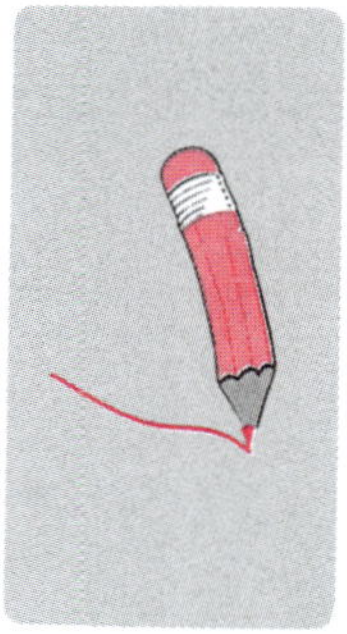

8 x 40 •	• 240
8 x 42 •	• 120
8 x 30 •	• 320
8 x 15 •	• 336
8 x 25 •	• 200

x 5

30		20			40		31	72	12	21
	50		125	500		1000				

 N ______________________ D ______________

C	D	U
2	7	0
	2	7

: 10

C	D	U
3	6	0

: 10

C	D	U
4	8	0

: 10

C	D	U
3	8	0

: 10

C	D	U
5	7	0

: 10

C	D	U
2	9	0

: 10

C	D	U
5	6	0

: 10

C	D	U
9	3	0

: 10

C	D	U
8	2	0

: 10

: 4

32	....
320	....
24	....
240	....
100	....

: 3

21	....
210	....
12	....
120	....
150	....

: 7

7	....
70	....
14	....
140	....
210	....

☐ → : 4 → 20

☐ → : 6 → 10

☐ → : 8 → 20

☐ → : 4 → 30

☐ → : 6 → 80

☐ → : 4 → 60

 N ______________________ D ____________

4 ..../....

: , x , =

58 ☐ 10 ☐ 580	73 ☐ 10 ☐ 730	680 ☐ 10 ☐ 68
58 ☐ 580 ☐ 10	730 ☐ 73 ☐ 10	680 ☐ 10 ☐ 68
10 ☐ 58 ☐ 580	10 ☐ 73 ☐ 730	680 ☐ 68 ☐ 10
580 ☐ 10 ☐ 58	730 ☐ 10 ☐ 73	680 ☐ 68 ☐ 10
580 ☐ 10 ☐ 58	730 ☐ 10 ☐ 73	10 ☐ 68 ☐ 680

	200	500	800	400	600	700	100	300	900	1000
: 10										
: 5										

: ......

x 10 , : 10

12	→ .... →	120	4 100	→ .... →	410	13	→ .... →	130
140	→ .... →	14	52	→ .... →	520	31	→ .... →	310
18	→ .... →	180	810	→ .... →	81	3 100	→ .... →	310
320	→ .... →	32	90	→ .... →	900	3010	→ .... →	301

9 x .... = 99	.... x 6 = 72	810 : .... = 81	23 x .... = 92
.... x 4 = 320	400 : .... = 80	630 : 70 = ...	1 000 : 5 = ...
13 x 3 = ...	61 x 4 = ...	630 : .... = 90	1 000 : 250 = ...

 N ______________________ D ______________

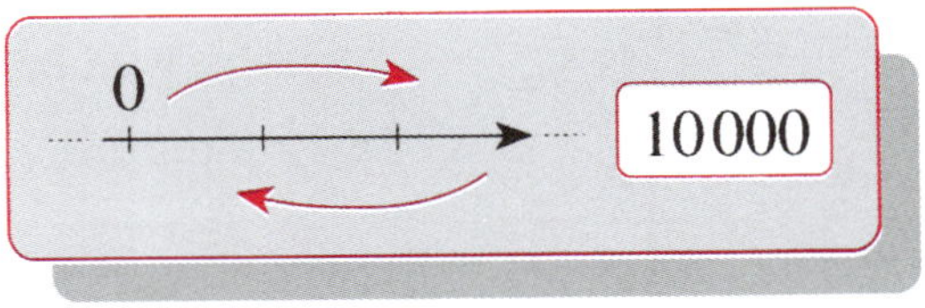

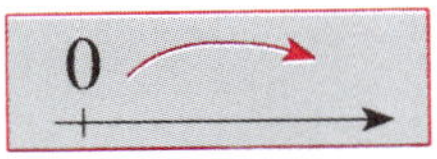

55 - 1 005 - 505 - 1 202 - 555 - 50 - 500 - 1 050 - 1 500 - 150 - 1 505

50 -

606 - 60 - 66 - 16 - 61 - 116 - 106 - 161 - 660 - 6 006 - 1 600

16 -

707 – 7 = ...	888 – 80 = ...	1 990 – 900 = ...
707 – 700 = ...	888 – 8 = ...	1 990 – 1 900 = ...
707 – 100 = ...	888 – 800 = ...	1 990 – 90 = ...

	999	999	999	999	999	6720	6720	6720	6720	6720
–	99	9	900	90	100	20	700	6000	720	6700
=	900									

	2222	2222	2222	2222	2222	2222	2222	2222	2222	2222
–	2	20	200	2000	2200	22	220	222	202	2020
=	2220									

 N ______________________ D ______________

5 ___/___

– 3D

540	....
44	....
644	....
1 640	....
444	....

– 2C

310	....
450	....
1 202	....
2 000	....
860	....

+ 2C

460	....
10	....
2	....
1 000	....
100	....

+ 5D

5	....
50	....
155	....
1 005	....
1 055	....

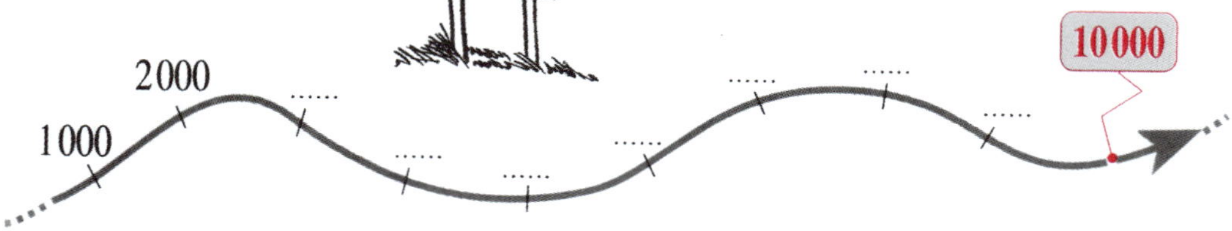

9000 + ... → 10000 7000 + ... → 10000 6000 + ... → 10000

5 000 + ... → 10000 9 500 + ... → 10000 7 500 + ... → 10000

10000 = (+)	
9900	....
8200	....
1500	....
7800	....
8700	....

10000 = (+)	
8100	....
....	9100
7100	....
....	5100
3100	....

10000 = (+)	
2200	....
....	200
3200	....
....	4200
5200	....

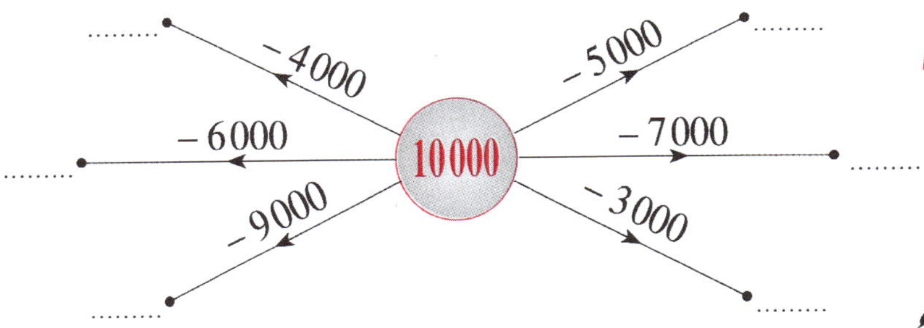

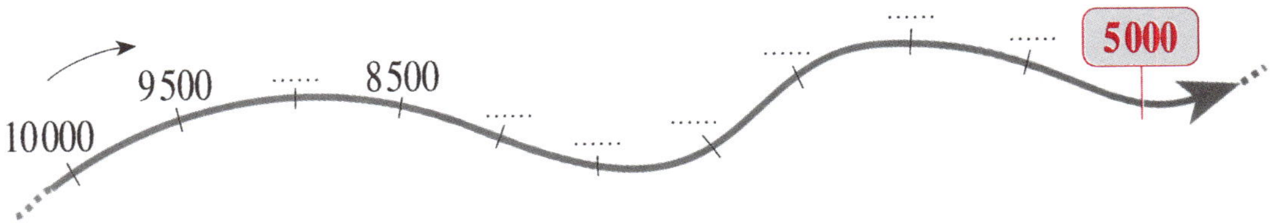

10 000 – 500 = ...	10 000 – 7 = ...	10 000 – 8 000 = ...
10 000 – 50 = ...	10 000 – 700 = ...	10 000 – 800 = ...
10 000 – 5 = ...	10 000 – 70 = ...	10 000 – 80 = ...
10 000 – 5 000 = ...	10 000 – 7 000 = ...	10 000 – 8 = ...

 N ______________________ D ______________

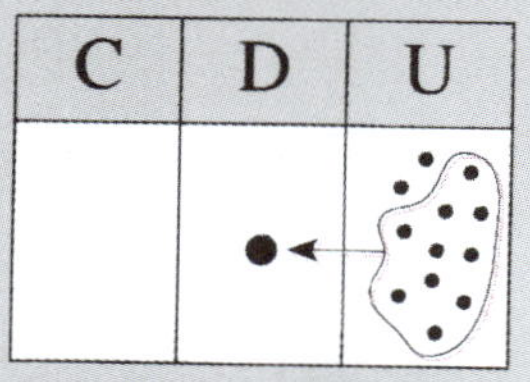

- *jamais plus de 9 éléments par rang;*
- *faire passer chaque paquet de 10 dans le rang immédiatement à gauche;*
- *chaque paquet de 10 a la valeur d'un nouvel élément dans le rang supérieur.*

UM	C	D	U	
	6 6+2	25	7	❶ 6C, 25D, 7U
	8	5	7	❸ = 857
				1UM, 5C, 13D, 2U
				= ....
				8C, 17D, 24U
				= ....
				9UM, 5C, 28D
				= ....
				3UM, 12C, 5D, 39U
				= ....
				4UM, 7C, 28D, 12U
				= ....
				32U, 8C, 12D, 7UM
				= ....

 N ______________________ D ______________

1 342 – 31 =

=±**1310**

estimation au début

	UM	C	D	U
	1	3	4	2
–			3	1
=	**1**	**3**	**1**	**1**
+			**3**	**1**
=	**1**	**3**	**4**	**2**

preuve à la fin

	UM	C	D	U
	1	7	5	0
–		4	2	0
=				
+		**4**	**2**	**0**
=				

	UM	C	D	U
	1	8	7	8
–		5	6	5
=				
+				
=				

	UM	C	D	U
	4	6	2	7
–	3	5	1	6
=				
+				
=				

	UM	C	D	U
	5	8	9	2
–	4	8	9	2
=				
+				
=				

 N ____________________ D ____________________

6 ___/___

	UM	C	D	U
–				
=				
+				
=				

2729 – 415 =

	UM	C	D	U
–				
=				
+				
=				

3836 – 721 =

	UM	C	D	U
–				
=				
+				
=				

4648 – 3537 =

	UM	C	D	U
–				
=				
+				
=				

5462 – 3362 =

	UM	C	D	U
–				
=				
+				
=				

8327 – 7317 =

	UM	C	D	U
–				
=				
+				
=				

9444 – 5341 =

N ______________________ D ______________

238 – 123

462 – 341

575 – 444

– = +

1 327 – 307

2 573 – 442

9 628 – 517

– = +

3 748 – 2 531

8 676 – 5 442

6 864 – 4 751

– = +

 N ________________________ D ________________

6 ___/___

2734	4538	8976	5327
− … … … …	− … … … …	− … … … …	− … … … …
1111	1111	1111	1111

5976 – 4906

8743 – 6521

9637 – 8425

	UM	C	D	U
	2	7	2	7
–				
=				
+		2	1	6
=				

	UM	C	D	U
–		3	2	4
=				
+				
=	2	5	4	6

	UM	C	D	U
–		2	4	6
=	1	1	1	1
+				
=				

2432	45 … …	8 … 9 …
− 2 … …	− … … 7 3	− 4 7 … 6
2211	3221	… 1 6 2

 N ______________________________ D ______________

2 324 + 13 + 321 =

= ±2650

	UM	C	D	U
	2	3	2	4
			1	3
+		3	2	1
=	2	6	5	8

Disposer les chiffres des nombres en commençant par le rang des unités : le premier rang à droite.

1 432 + 121 + 34 =

	UM	C	D	U
+				
=				

1 432 + 121 + 34 =

	UM	C	D	U
+				
=				

1 432 + 121 + 34 =

	UM	C	D	U
+				
=				

 N ______________________ D ______________

7 ___/___

32 + 100 + 2324

412 + 320 + 9000

	UM	C	D	U
+				
=				

	UM	C	D	U
+				
=				

401 + 9201

1 + 18 + 3220

	UM	C	D	U
+				
=				

	UM	C	D	U
+				
=				

43 + 15 + 1011

501 + 13 + 9002

	UM	C	D	U
+				
=				

	UM	C	D	U
+				
=				

 N ______________________ D ____________

1200 + 32 + 144 + 3412

412 + 320 + 9000

UM	C	D	U

\+

=

UM	C	D	U

\+

=

2 + 7020 + 113 + 41

3412 + 23 + 263 + 10

UM	C	D	U

\+

=

UM	C	D	U

\+

=

41 + 123 + 6000 + 4

600 + 12 + 7110 + 5 + 21

UM	C	D	U

\+

=

UM	C	D	U

\+

=

 N ______________________ D ______________

7 ___/___

12 + 141 + 1 000 + 26

3233 + 2 + 2 100 + 62

46 + 4 600 + 32 + 1

101 + 1 + 10 + 1 010

203 + 23 + 230 + 2 300

4 + 404 + 40 + 4 000

 N ______________________ D ______________

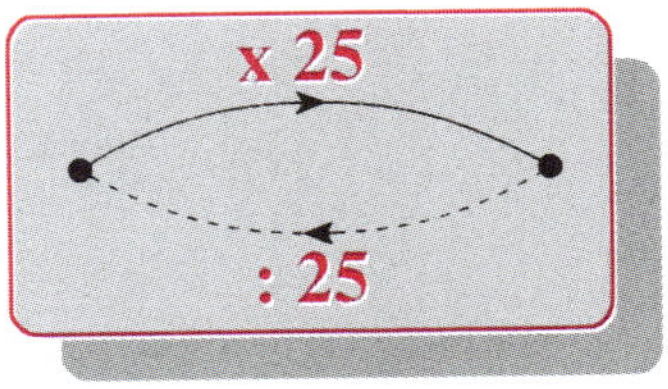

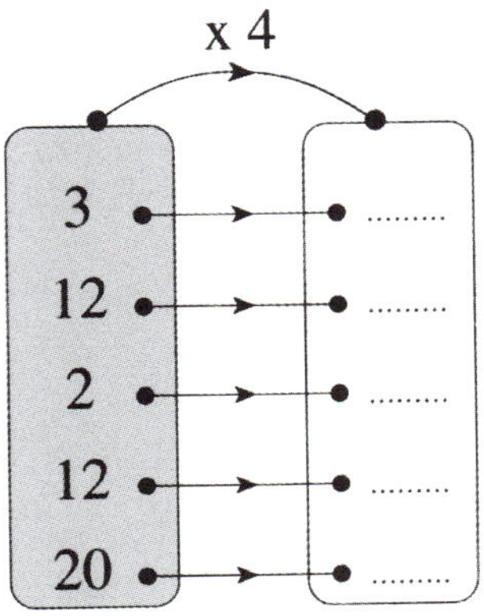

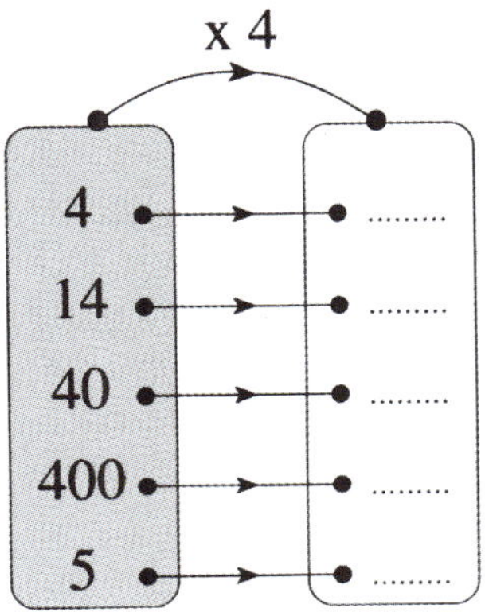

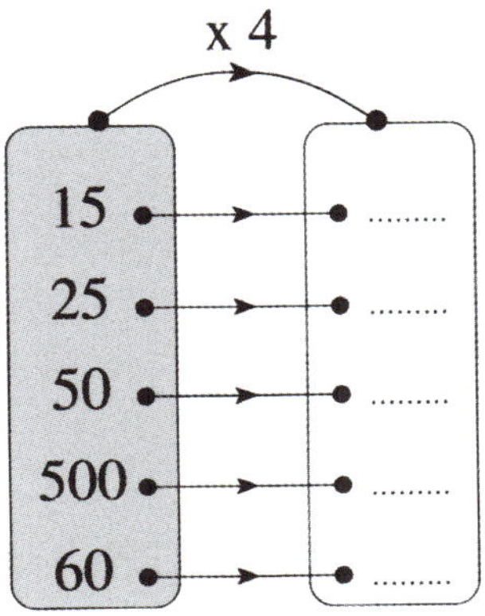

7 x 4 = ...
70 x 4 = ...
700 x 4 = ...

8 x 4 = ...
80 x 4 = ...
800 x 4 = ...

9 x 4 = ...
90 x 4 = ...
900 x 4 = ...

:4	4	8	12	16	20	24	28	32	36	40	44	48	52

4 : 4 = ...
40 : 4 = ...
400 : 4 = ...

8 : 4 = ...
80 : 4 = ...
800 : 4 = ...

12 : 4 = ...
120 : 4 = ...
1 200 : 4 = ...

20 : 4 = ...
200 : 4 = ...
2 000 : 4 = ...

24 : 4 = ...
240 : 4 = ...
2 400 : 4 = ...

28 : 4 = ...
280 : 4 = ...
2 800 : 4 = ...

8 ..../....

x25

100 → 25, 25, 25, 25

100 : 4 = 25

4 x 25 = 100

16 x 25

16 x (100 : 4) = 1 600 : 4
= 400

Possible seulement si le nombre multiplié par 25 est un multiple de 4 (M4).

ou

16 x (100 : 4) = 4 x 100
= 400

28 x 25 ⇨ 28 x (100 : 4) = ...
= ....

32 x 25 ⇨ 32 x (100 : 4) = ...
= ....

41 x 25 ⇨ 41 x (100 : 4) = ...
= ....

52 x 25 ⇨ 52 x (100 : 4) = ...
= ....

x 25	
1	....
2	....
20	....
3	....
30	....

x 25	
4	....
40	....
5	....
50	....
6	....

x 25	
7	....
70	....
8	....
80	....
9	....

 N ______________________ D ____________

24 x 25 ➡ 24 —:4→ … —x 100→ ……
24 —x 25→ ……

36 x 25 ➡ 36 —:4→ … —x 100→ ……
36 —x 25→ ……

48 x 25 ➡ 48 —:4→ … —x 100→ ……
48 —x 25→ ……

27 x 25 ➡ 27 —x 100→ … —:4→ ……
27 —x 25→ ……

27 x 25 ➡ 27 —x 100→ … —:4→ ……
27 —x 25→ ……

: 25	
50	………
100	………
125	………
150	………
175	………

: 25	
200	………
400	………
600	………
800	………
1000	………

: 25	
225	………
250	………
500	………
525	………
550	………

 N ______________________ D ______________

8 ___/___

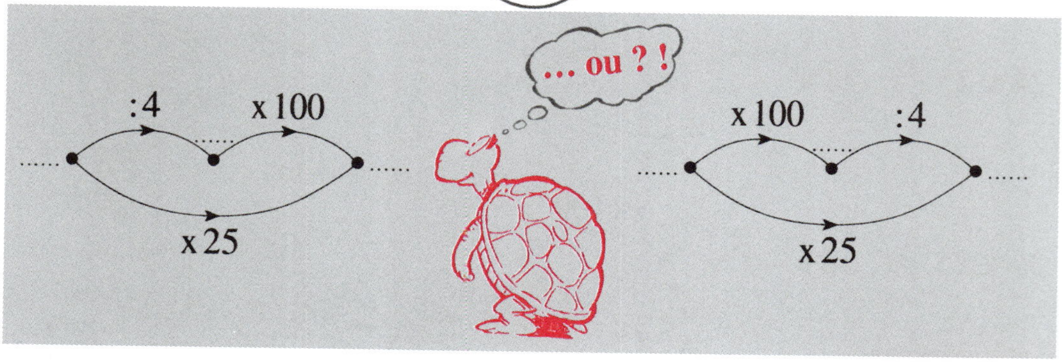

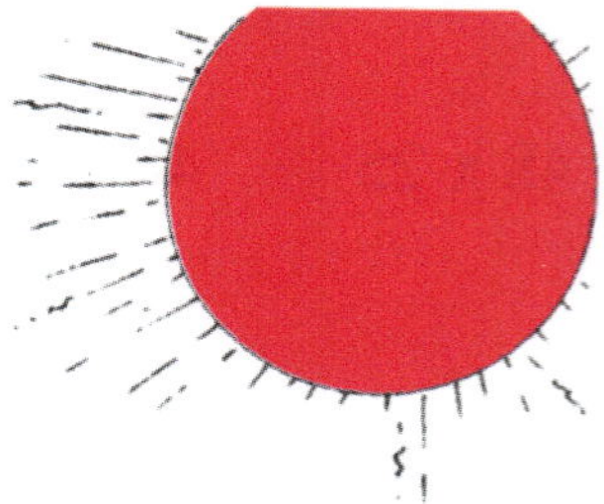

19 x 25 ➪

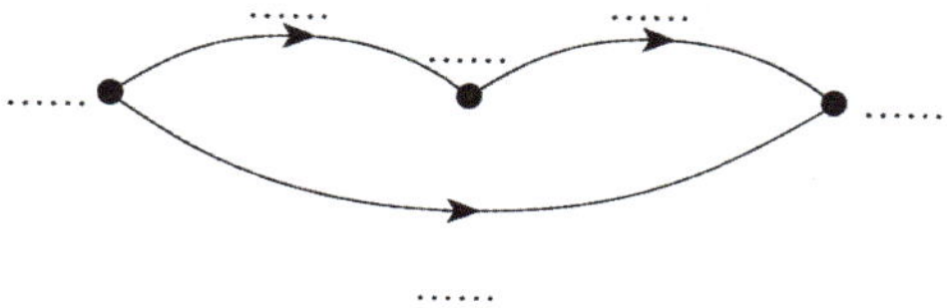

31 x 25 ➪

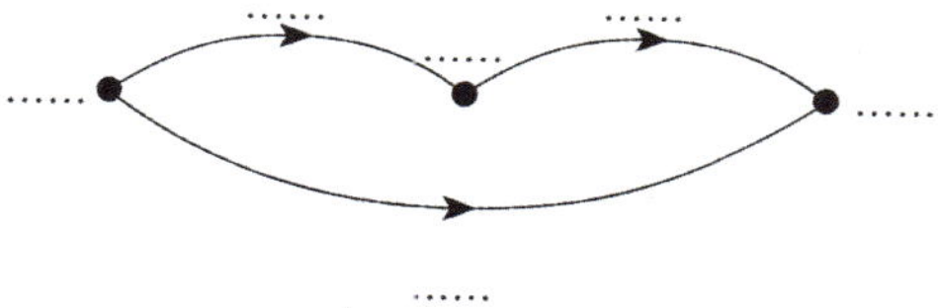

320 x 25 ➪

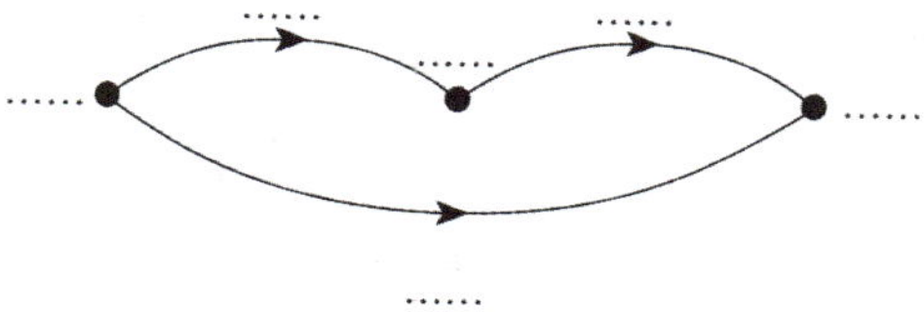

1 500 x 25 ➪

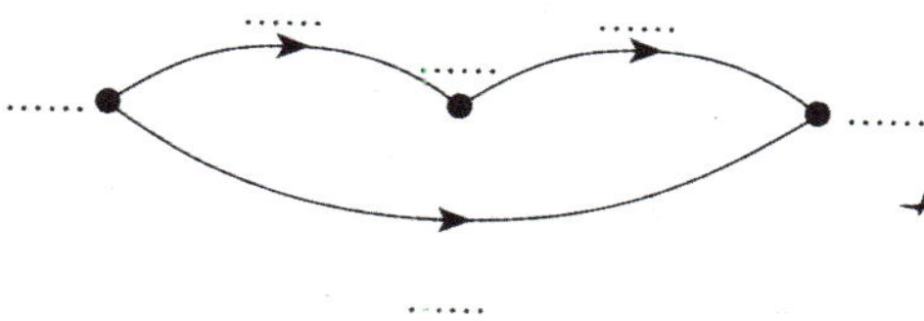

1 640 x 25 ➪

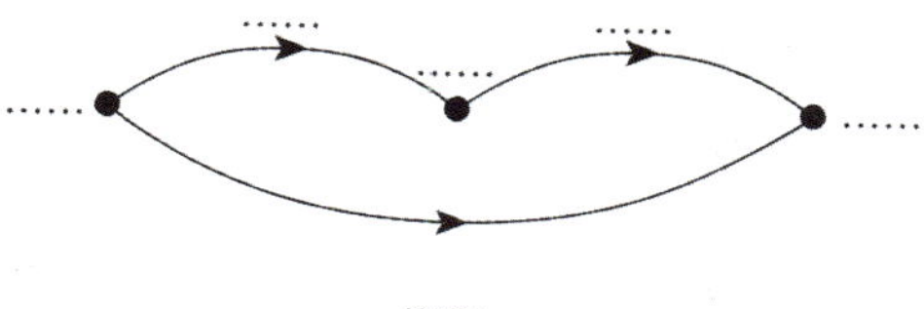

 N ______________________________ D ______________

523 + 356 → 500 + 300 / 20 + 50 / 3 + 6 → 800 + 70 + 9 = **879**

CDU + CDU

432 + 525 → 400 + ... / 30 + ... / 2 + ... → .... + ... + ... = ...

374 + 123 → .... + ... / .... + ... / .... + ... → .... + ... + ... = ...

657 + 342 → .... + ... / .... + ... / .... + ... → .... + ... + ... = ...

826 + 153 → .... + ... / .... + ... / .... + ... → .... + ... + ... = ...

732 + 255 → .... + ... / .... + ... / .... + ... → .... + ... + ... = ...

651 + 234 = **800 + 80 + 5**
= ....

327 + 652 = ... + ... + ...
= ....

464 + 325 = ... + ... + ...
= ....

326 + 563 = ... + ... + ...
= ....

 N ______________________ D ______________

9 ..../....

548 + 317 → 500 + 300 / 40 + 10 / 8 + 7 → 800 + 50 + 15 = **865**
(50 + 15 = 65)

CDU + CDU

536 + 348 → .... + ... / .... + ... / .... + ... → .... + ... + ... = ... (........)

729 + 217 → .... + ... / .... + ... / .... + ... → .... + ... + ... = ... (........)

856 + 146 → .... + ... / .... + ... / .... + ... → .... + ... + ... = ... (........)

488 + 117 → .... + ... / .... + ... / .... + ... → .... + ... + ... = ... (........)

629 + 354 → .... + ... / .... + ... / .... + ... → .... + ... + ... = ... (........)

---

729 + 218 = **900 + 30 + 17**
= ....

432 + 619 = ... + ... + ...
= ....

576 + 325 = ... + ... + ...
= ....

279 + 114 = ... + ... + ...
= ....

 N ______________________ D ____________

563 + 358 ⇨ 500 + 300 ; 60 + 50 ; 3 + 8

CDU + CDU

$\underbrace{(500+300)}_{800}+\underbrace{(60+50)}_{110}+\underbrace{(3+8)}_{11} = 910+11$
$= 921$

747 + 198 = (700 + 100) + (40 + 90) + (7 + 8) [……… ; ……… ; ………]
= ……… + ……
= ………

463 + 378 = (……… + ………) + (……… + ………) + (…… + ……) [……… ; ……… ; ………]
= ……… + ………
= ………

685 + 158 = (……… + ………) + (……… + ………) + (…… + ……) [……… ; ……… ; ………]
= ……… + ………
= ………

473 + 368 ⇨
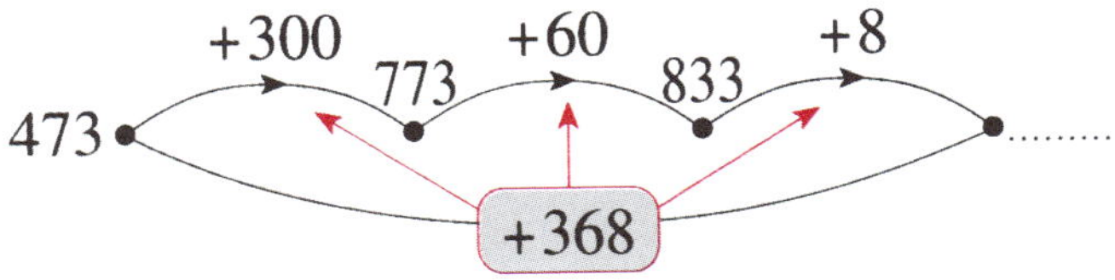

549 + 275 ⇨
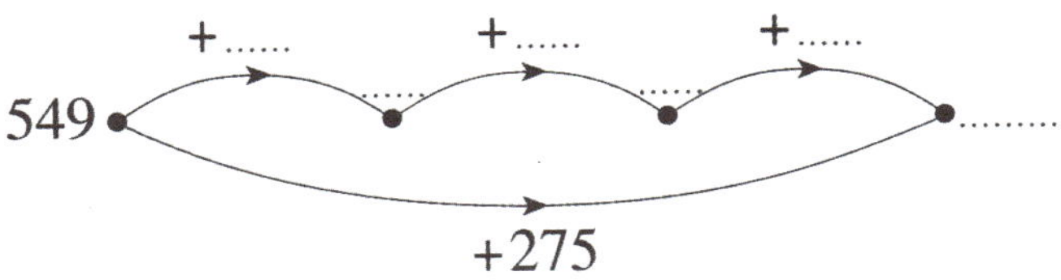

678 + 135 ➡

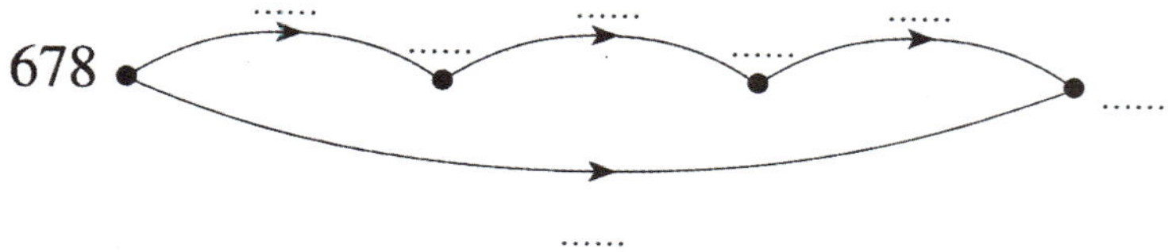

459 + 267 ➡

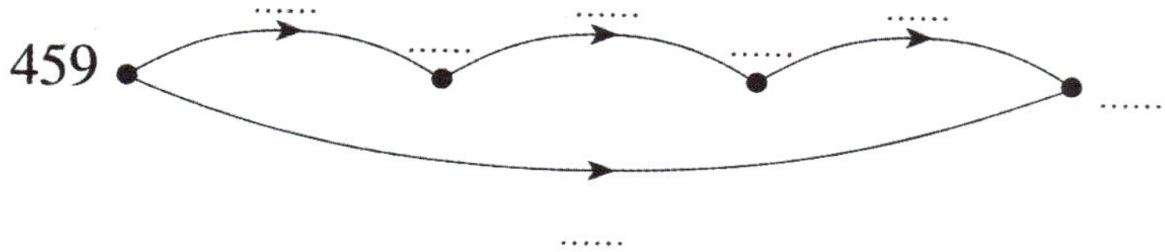

176 + 587 ➡

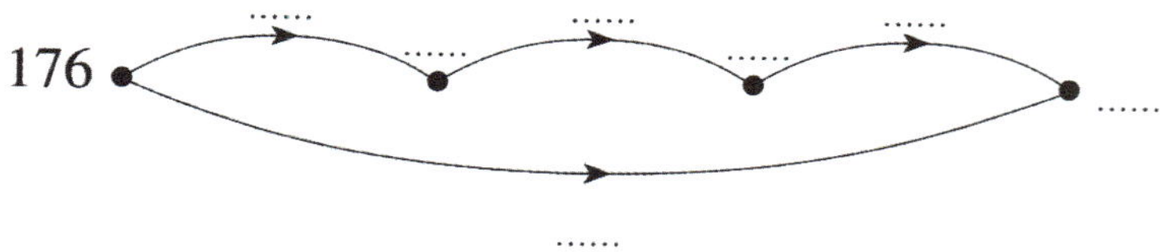

$$235 + 84 + 126 = 235 + \underbrace{(80 + 120)}_{200} + \underbrace{(4 + 6)}_{10}$$
$$= 235 + 210$$
$$= 445$$

425 + 75 + 182 + 18 = ...

= ....

= ....

538 + 70 + 2 + 400 + 9 = ...

= ....

= ....

CDU – CDU
C – U
UM – CD

1 000 – 2 = ...	1 000 – 4 = ...	1 000 – 7 = ...	1 000 – 9 = ...
1 000 – 20 = ...	1 000 – 40 = ...	1 000 – 70 = ...	1 000 – 90 = ...
1 000 – 200 = ...	1 000 – 400 = ...	1 000 – 700 = ...	1 000 – 900 = ...

10 000
- –500 → ....
- –1 000 → ....
- –1 500 → ....

10 000
- –2 000 → ....
- –2 500 → ....
- –3 000 → ....

10 000
- –3 500 → ....
- –4 000 → ....
- –4 500 → ....

10 000 –250 → .... → .... → .... → .... → .... → .... → .... → ....

10 000 –500 → .... → .... → .... → .... → .... → .... → .... → ....

10 000 –100 → .... → .... → .... → .... → .... → .... → .... → ....

10 000 –125 → .... → .... → .... → .... → .... → .... → .... → ....

5 000 =	**3 000 =**	**4 000 =**	**7 000 =**
10 000 –	6 000 –	5 500 –	9 000 – ....
9 000 –	8 000 –	4 800 –	9 300 – ....
7 500 –	10 000 –	7 600 –	8 000 – ....
8 000 –	9 500 –	6 300 –	8 400 – ....

 N ______________________ D ______________

248 – 130 ➨ 248 → **–100** → 148 → **– 30** → 118

–130

CDU – CD

327 – 210 ➨ 327 → –...... → ...... → –...... → ......

–210

568 – 340 ➨ 568 → –...... → ...... → –...... → ......

–340

538 – 235 ➨ 538 → **–200** → 338 → **– 30** → 308 → **– 5** → 303

–235

CDU – CDU

458 – 346 ➨ 458 → –...... → ...... → –...... → ...... → –...... → ....

–......

686 – 465 ➨ 686 → –...... → ...... → –...... → ...... → –...... → ....

–......

 N ______________________________ D ______________

Drill 4 Série 10 ___/___

13 – 5 = ...	14 – 8 = ...	12 – 7 = ...	15 – 6 = ...
23 – 5 = ...	24 – 8 = ...	32 – 7 = ...	25 – 6 = ...
43 – 5 = ...	54 – 8 = ...	42 – 7 = ...	55 – 6 = ...
63 – 5 = ...	74 – 8 = ...	62 – 7 = ...	75 – 6 = ...
83 – 5 = ...	94 – 8 = ...	82 – 7 = ...	95 – 6 = ...

130 – 50

100

= (130 – 30) – 20

= 80

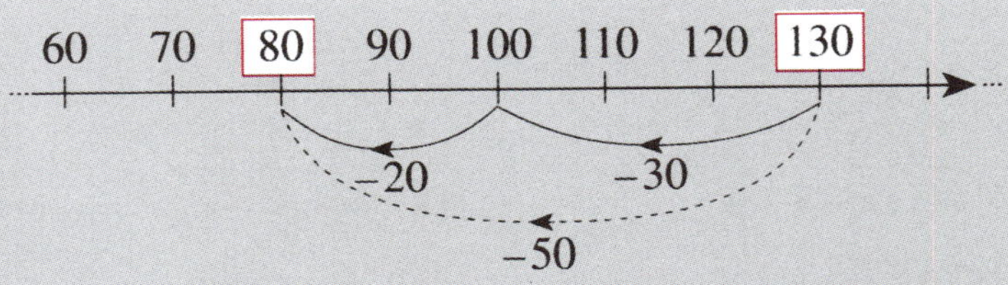

(200 above the bracket)
220 – 70 = (220 – ....) – ....
= ....

(......... above the bracket)
350 – 80 = (350 – ....) – ....
= ....

(......... above the bracket)
460 – 80 = (460 – ....) – ....
= ....

(......... above the bracket)
670 – 90 = (670 – ....) – ....
= ....

(......... above the bracket)
750 – 60 = (750 – ....) – ....
= ....

(......... above the bracket)
830 – 60 = (830 – ....) – ....
= ....

(......... above the bracket)
510 – 80 = (510 – ....) – ....
= ....

(......... above the bracket)
160 – 70 = (160 – ....) – ....
= ....

(......... above the bracket)
950 – 70 = (950 – ....) – ....
= ....

(......... above the bracket)
1 020 – 80 = (1 020 – ....) – ....
= ....

 N ______________________ D ______________

10 ___/___

1000 – .... = 600	10000 – .... = 5500
1000 – .... = 750	10000 – .... = 4500
1000 – .... = 925	10000 – .... = 6500
1000 – .... = 100	10000 – .... = 7500
1000 – .... = 850	10000 – .... = 8500

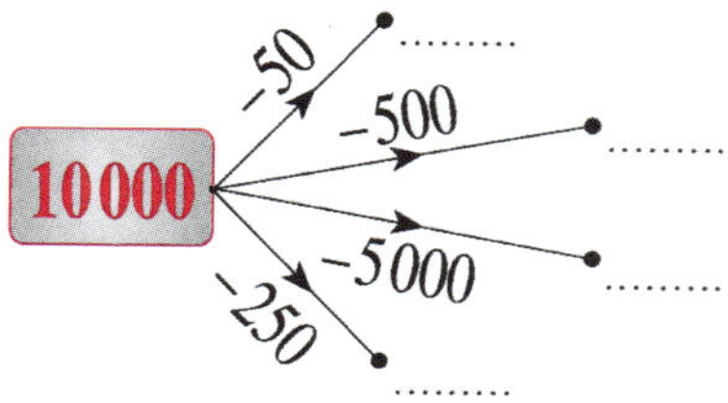

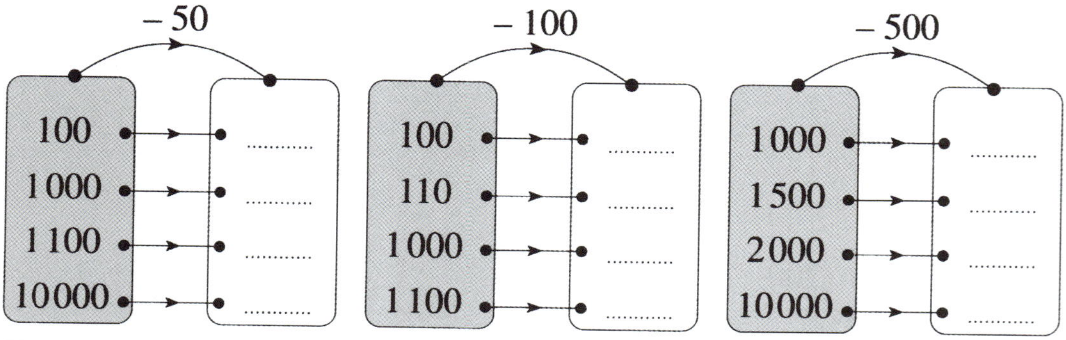

–125

250	1250	500	1500	750	1750	1000	2000	10000

12 – 4 = ...	17 – 9 = ...	14 – 6 = ...
120 – 40 = ...	170 – 90 = ...	140 – 60 = ...
1200 – 400 = ...	1700 – 900 = ...	1400 – 600 = ...
12000 – 4000 = ...	17000 – 9000 = ...	14000 – 6000 = ...

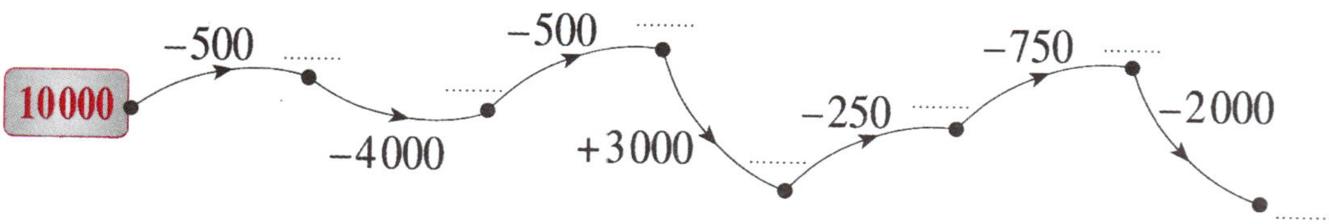

 N ______________________ D ______________

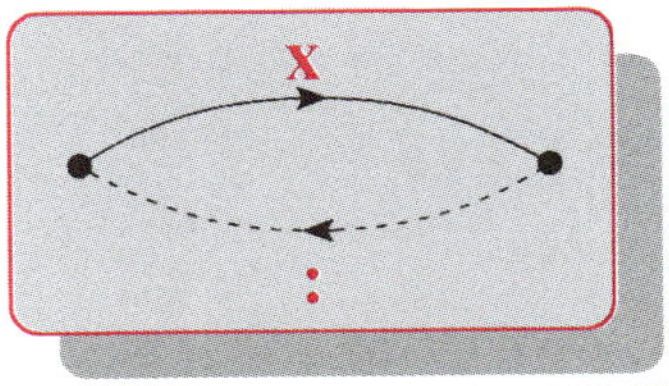

x	11	12	13	14	15	16	17	18	19	20	21	22	23
2													
3													
4													

x 6

- 11 → ....
- 12 → ....
- 13 → ....
- 14 → ....
- 15 → ....

x 8

- 16 → ....
- 17 → ....
- 18 → ....
- 19 → ....
- 20 → ....

x 9

- 10 → ....
- 11 → ....
- 13 → ....
- 15 → ....
- 17 → ....

x 5, x 2, x 2, x 10, x 20

	10	11	12	13	14	15	16	17	18	19	20
50											
100											
200											

x	18	20	30	40	50	60	70	80	90	100	200	300	400
4													
6													

 N ______________________ D ______________

11 ___/___

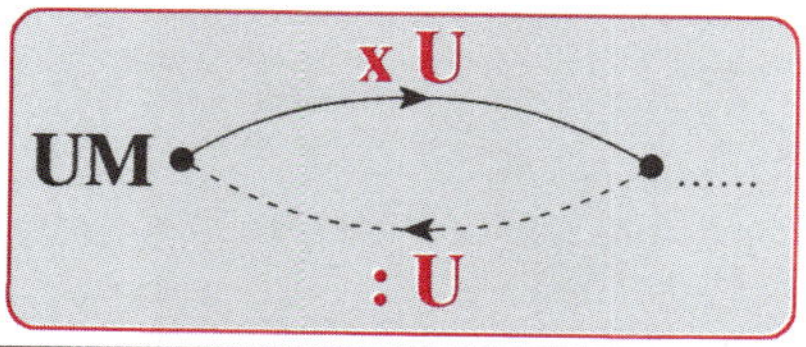

x	1000	2000	3000	4000	5000	6000	7000	8000
2								
3								
4								
5								

6 x 3 = ...	7 x 4 = ...	8 x 5 = ...	9 x 6 = ...
6 x 30 = ...	7 x 40 = ...	8 x 50 = ...	9 x 60 = ...
6 x 300 = ...	7 x 400 = ...	8 x 500 = ...	9 x 600 = ...
6 x 3000 = ...	7 x 4000 = ...	8 x 5000 = ...	9 x 6000 = ...

6000 → : 3 → ☐	12000 → : 3 → ☐	54000 → : 9 → ☐
16000 → : 4 → ☐	32000 → : 4 → ☐	18000 → : 2 → ☐
24000 → : 6 → ☐	48000 → : 8 → ☐	27000 → : 3 → ☐

: 5		: 5		: 5	
5000 →	....	30000 →	....	55000 →	....
10000 →	....	35000 →	....	60000 →	....
15000 →	....	40000 →	....	65000 →	....
20000 →	....	45000 →	....	70000 →	....

 N ______________________________ D ______________

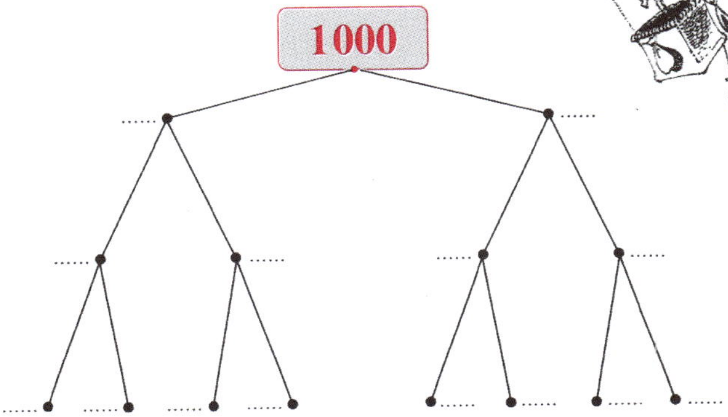

$\frac{1}{2} \cdot 1000 =$ ....
$1000 : 2 =$ ....

$\frac{1}{4} \cdot 1000 =$ ....
$1000 : 4 =$ ....

$\frac{1}{8} \cdot 1000 =$ ....
$1000 : 8 =$ ....

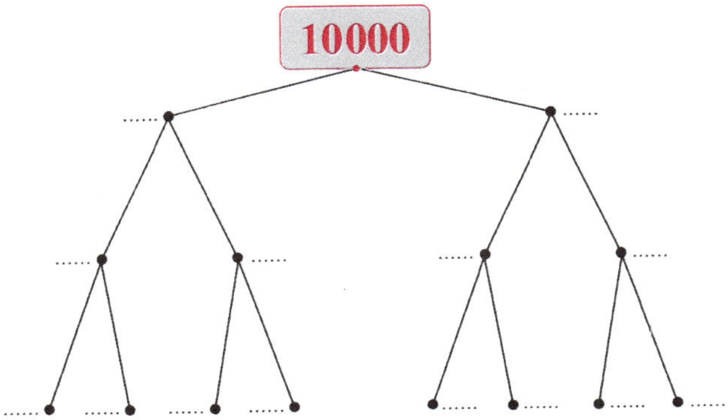

$\frac{1}{2} \cdot 10000 =$ ....
$10000 : 2 =$ ....

$\frac{1}{4} \cdot 10000 =$ ....
$10000 : 4 =$ ....

$\frac{1}{8} \cdot 10000 =$ ....
$10000 : 8 =$ ....

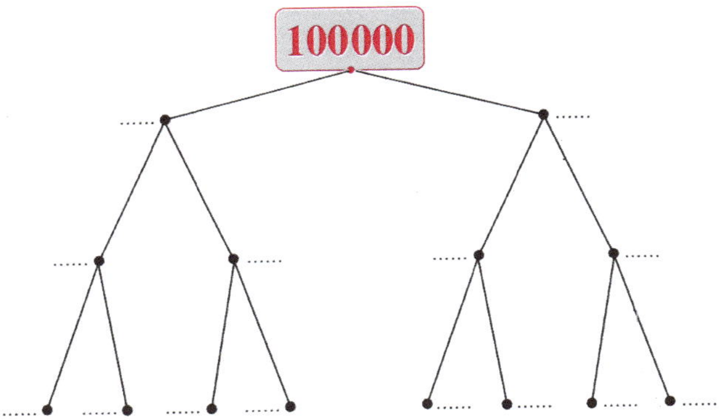

$\frac{1}{2} \cdot 100000 =$ ....
$100000 : 2 =$ ....

$\frac{1}{4} \cdot 100000 =$ ....
$100000 : 4 =$ ....

$\frac{1}{8} \cdot 100000 =$ ....
$100000 : 8 =$ ....

 N ______________________ D ______________

11 ___/___

$\frac{1}{4} \cdot 1000 =$ ....

$\frac{1}{5} \cdot 1000 =$ ....

$\frac{1}{8} \cdot 1000 =$ ....

$\frac{1}{10} \cdot 1000 =$ ....

$\frac{1}{2} \cdot 10000 =$ ....

$\frac{1}{10} \cdot 10000 =$ ....

$\frac{1}{20} \cdot 10000 =$ ....

$\frac{1}{5} \cdot 10000 =$ ....

$\frac{1}{10} \cdot 100000 =$ ....

$\frac{1}{100} \cdot 100000 =$ ....

$\frac{1}{1000} \cdot 100000 =$ ....

$\frac{1}{20} \cdot 100000 =$ ....

	: 5	x 2
100	....	....
1 000	....	....
10 000	....	....
100 000	....	....

	: 10	x 5
100	....	....
1 000	....	....
10 000	....	....
100 000	....	....

: 25

100	200	500	1 000	5 000	10 000	25 000	50 000	100 000

: 250

250	500	1 000	2 500	5 000	10 000	25 000	75 000	100 000

: 250

1 000	5 000	25 000	12 500	50 000	75 000	100 000	10 000	125 000

 N ______________________ D ______________

± 2700 ①

1 3 4 2
x 2
2 6 8 4 ②

3 x 2122
2 x 2413
4 x 1212

x
=

x
=

x
=

± 4800

1 2 1 3 (retenue : 1)
x 4
4 8 5 2

❶ 4 x 3 = 12

❷ (4 x 1) + 1 = 5

3 x 2216
2 x 1428
4 x 1214

x
=

x
=

x
=

4 x 2217
3 x 3218
2 x 4329

x
=

x
=

x
=

 N ______________________ D ______________

12 ___/___

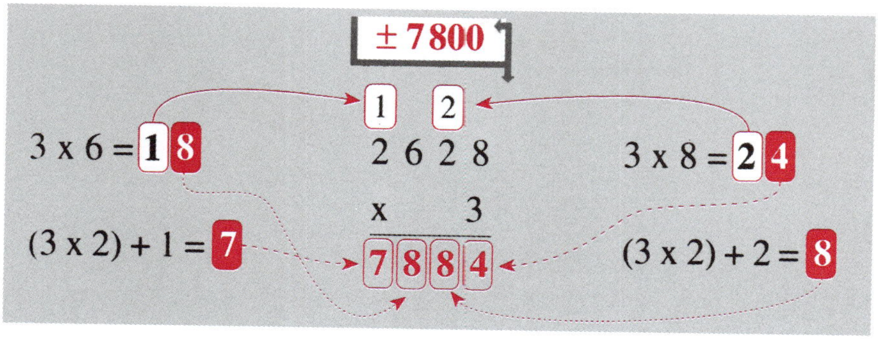

... ... 2 3 1 5	... ... 1 4 2 6	... ... 1 2 3 9	... ... 2 1 2 5
x 4	x 3	x 8	x 5
=	=	=	= ....

7 x 1224
6 x 2132
4 x 3412

x ___ = ___ x ___ = ___ x ___ = ___

3 x 2751
2 x 2762
4 x 1243

x ___ = ___ x ___ = ___ x ___ = ___

7 x 2317
9 x 1241
6 x 1431

x ___ = ___ x ___ = ___ x ___ = ___

 N ______________________ D ____________

$3 \times 0 = 0 + 0 + 0$
$= 0$

Lorsque je multiplie un nombre par zéro, ça fait toujours zéro !

4010	10310	2302	1801
x 3	x 5	x 7	x 6
=	=	=	= ....

4 x 2031
3 x 1007
5 x 2105

x
=

8 x 1007
6 x 2081
4 x 1004

x
=

$23 \times 243 = (3 \times 243) + (20 \times 243)$

± 5500

```
      ¹
    2 4 3
x     2 3
---------
    7 2 9
+ 4 8 6 0
---------
= 5 5 8 9
```

1. 3 x 243 → 729
2. 20 x 243 → 4860
3. *tu additionnes* (1) (2) → 5589

Si tu décales les chiffres d'un rang à gauche, il est inutile d'écrire le zéro.

32 x 431

```
    4 3 1
x     3 2
---------
+       0
=
```

 N ______________________ D ______________

12 ___/___

41 x 223

52 x 326

32 x 256

```
      2 2 3          3 2 6          2 5 6
  x     4 1      x     5 2      x     3 2
  ---------      -----------    -----------
      2 2 3
+   8 9 2 0    + 1 6 3 0 0    +           0
  ---------      -----------    -----------
=              =              =
```

36 x 121

43 x 242

57 x 1221

71 x 102

83 x 1027

12 x 7120

N ______________________________ D ______________

: U

UMCDU → ......

: 4	
12	....
120	....
1 200	....
16	....
160	....
1 600	....

: 5	
15	....
150	....
1 500	....
25	....
250	....
2 500	....

: 6	
36	....
360	....
3 600	....
54	....
540	....
5 400	....

: 8

16 000	2 400	32 000	4 000	8 000	48 000	72 000	64 000

: 9

9 000	90 000	18 000	45 000	36 000	54 000	72 000	81 000

: 7

21 000	14 000	35 000	42 000	7 000	28 000	49 000	70 000

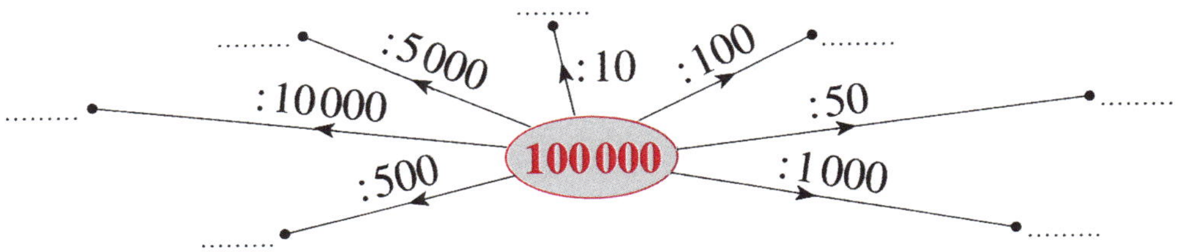

13 ___/___

1236 : 3 ⇒ ± 400

① 12 : 3 = 4
4 x 3 = 12
12 – 12 = 0

② 3 : 3 = 1
1 x 3 = 3
3 – 3 = 0

③ 6 : 3 = 2
2 x 3 = 6
6 – 6 = 0

```
 1 2 3 6 | 3
-1 2     |-------
 ---     | 4 1 2
   0 3   | ① ② ③
 -   3   |
   ---   | Preuve :
     0 6 |   4 1 2
   -   6 | x     3
     --- | = 1 2 3 6
       0 |
```

1648 : 4

981 : 3

```
1 6 4 8 | 4
–  ……… |---------
 ------ | …………
 ………   |
–  ………  |
 ------ | x     4
 ………   | --------
 –  ……… |
 ------ |
  ………   | = …………
```

2177 : 7

3555 : 5

2763 : 3

 N ______________________ D ______________

3627 : 9 ⇒ ± 400

1	2 < 9 ⇒ **0**
2	27 : 9 = 3 ⇒ 3

```
  3 6 2 7 | 9
− 3 6     |-------
  -----   | 4 0 3
    0 2 7 |
  −   2 7 |
  -------
        0
```

Preuve :

$$\begin{array}{r} 403 \\ \times \quad 9 \\ \hline = 3627 \end{array}$$

3528 : 7

4535 : 5

7218 : 9

4416 : 4

6012 : 6

4214 : 7

 N ________________________________ D ____________________

13 ___/___

preuves

4 236 : 6

5 663 : 7

8 136 : 9

2 515 : 5

1 628 : 4

3 618 : 3

2 135 : 7

3 248 : 8

2 463 : 3

 N ______________________ D ______________

CM

+2500

0

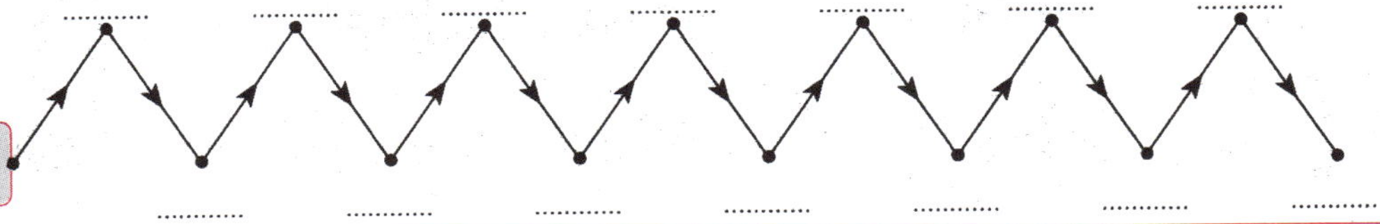

+25000

100000

+250000

0

0

101100 - 11000 - 110000 - 100000 - 100100 - 100001 - 110010 - 111000
11000 - 100000 -

20000 - 2000 - 202000 - 20200 - 200200 - 200002 - 20002 - 2002 - 20020
2000 - 2002 -

14000 - 1400 - 4100 - 41000 - 401000 - 104000 - 400001 - 10400 - 1040

500000 - 550000 - 50000 - 55000 - 505000 - 50505 - 50005 - 505 - 5000

 N ______________________ D ______________

14 ___/___

50000	+ .... →	100000	
250000	+ .... →	700000	
30000	+ .... →	200000	
150000	+ .... →	300000	
200000	+ .... →	600000	
350000	+ .... →	700000	

+ 3 UM

20 →	....
10400 →	....
110000 →	....
300 →	....
4 →	....

+ 5 CM

5 →	....
500 →	....
505 →	....
50 →	....
5000 →	....

+ 5 DM

5 →	....
500 →	....
505 →	....
50 →	....
5000 →	....

–2 DM

40000	130000	250000	120000	60000	270000	300000	660000
20000							

–2 CM

250000	570000	320000	600000	440000	700000	800000	900000
50000							

–200000 →

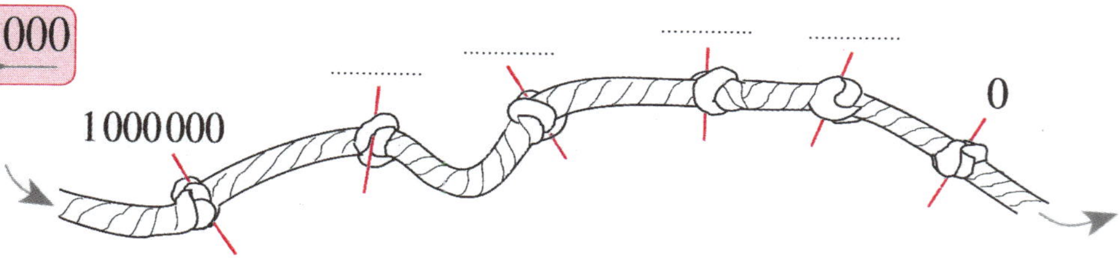

 N ________________________ D ______________

Drill 4

Série **14** ___/___

+	100000	250000	300000	150000	125000	350000
250000	**350000**					
500000						
125000						
150000						
200000						
350000						

−	800000	750000	1000000	900000	600000	850000
200000	**600000**					
500000						
250000						
300000						
400000						
125000						
100000						

 N ______________________ D ______________

CM	DM	UM	C	D	U	
2	3		2		5	23DM 5U 2C
2	3	0	2	0	5	230 205
						5U 3C 2UM 2CM
						7DM 2CM 8U
						13DM 23C 1D 3U
						7U 9DM 3CM
						18D 2UM 3U
						9CM 9UM 9U 9C
						22DM 22U
						5CM 55UM 55U
						7U 4C 3UM 5CM

 N ______________________ D ______________

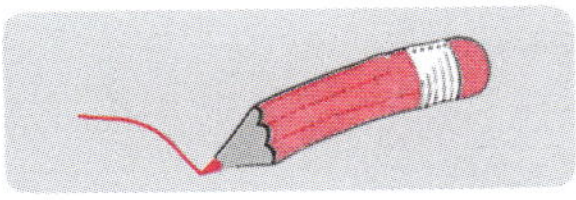

100 000 =		**300 000 =**		**500 000 =**	
75 000	80 000	200 000	297 800	250 000	200 000
95 000	25 000	2 000	100 000	410 000	350 000
20 000	99 000	200	298 000	300 000	450 000
10 000	5 000	2 200	298 880	150 000	250 000
1 000	90 000	20	298 800	50 000	90 000

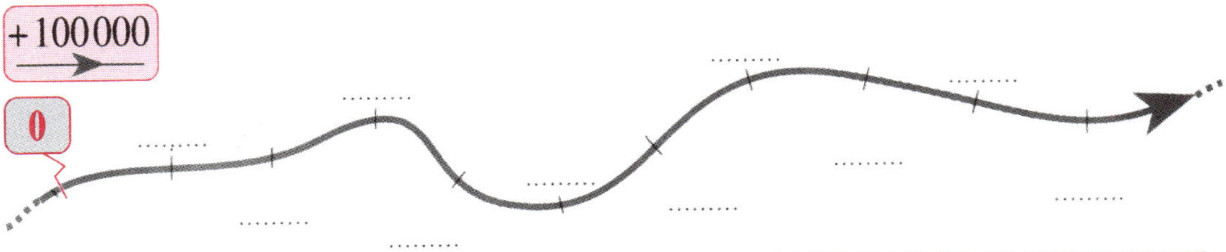

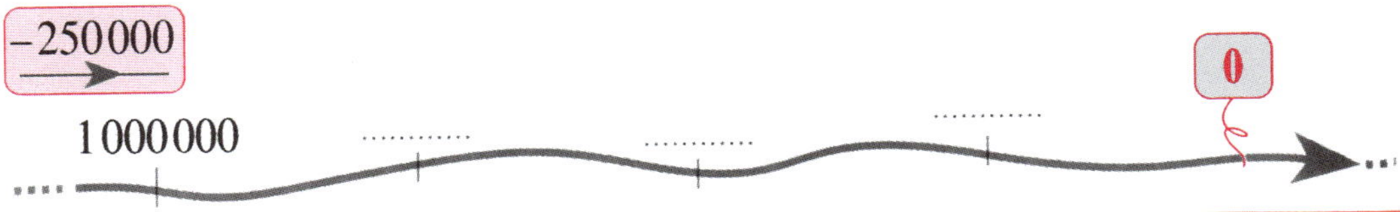

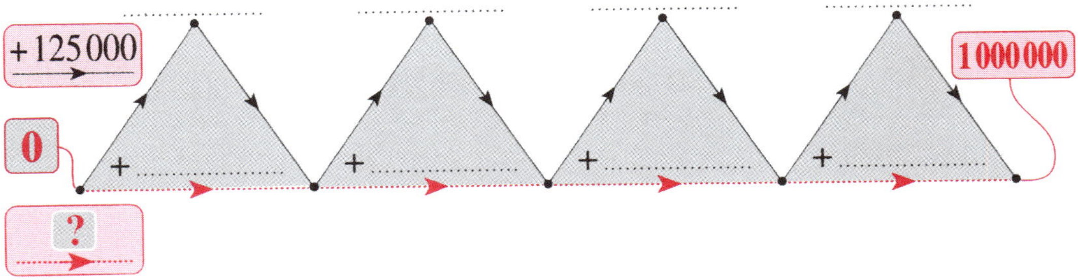

 N ________________ D ________________

100000	– 1000	⇒	99000
	+ 200000	⇒	
	+ 175000	⇒	
	– 85000	⇒	
	+ 21500	⇒	

500000	+ 500000	⇒	
	+ 250000	⇒	
	– 125000	⇒	
	– 275000	⇒	
	+ 425000	⇒	

–25000	–125000	–250000		+100000	+250000	+150000
....	....	....	500000	....	....	....

600000	– 40000	⇒	560000
	–	⇒	480000
	+	⇒	900000
	+	⇒	1000000
	–	⇒	450000

750000	+	⇒	1000000
	–	⇒	900000
	+	⇒	500000
	+	⇒	250000
	–	⇒	700000

	725000	800000	1000000	950000	3002000	500000	900000	605000
–3 CM	425000							
–2 UM	423000							

 N ______________________________ D ______________

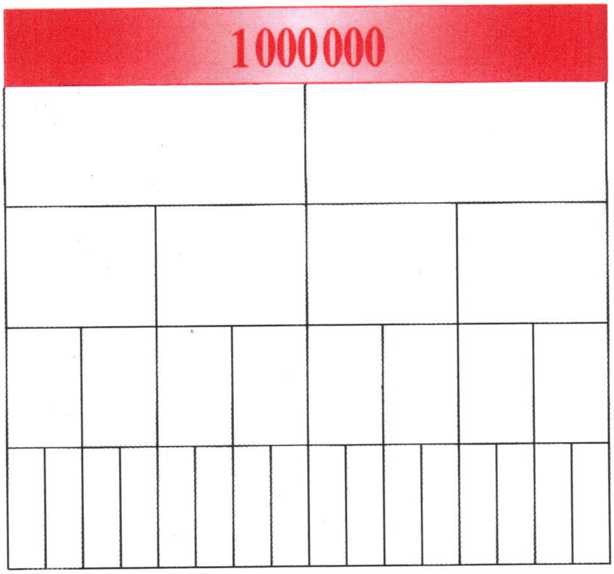

$1000000 : 2 =$ ....

$\frac{1}{2} \cdot 1000000 =$ ....

$1000000 : 4 =$ ....

$\frac{1}{4} \cdot 1000000 =$ ....

$1000000 : 8 =$ ....

$\frac{1}{8} \cdot 1000000 =$ ....

$1000000 : 16 =$ ....

$\frac{1}{16} \cdot 1000000 =$ ....

1000000 =

750000 •	• 90000
450000 •	• 250000
910000 •	• 550000
125000 •	• 990000
10000 •	• 875000

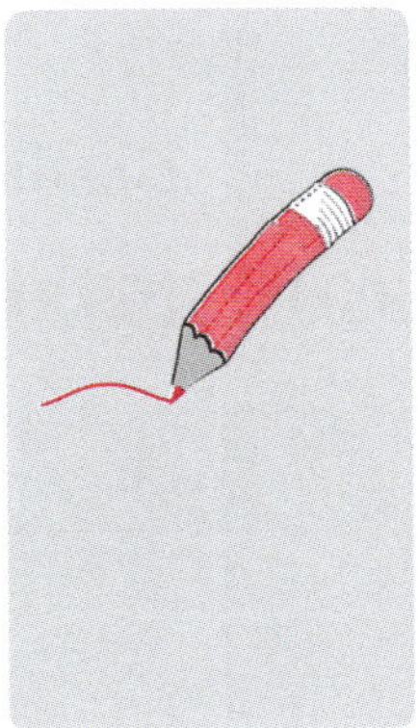

1000000 =

725000 •	• 999999
1 •	• 1000000
0 •	• 990000
350000 •	• 275000
10000 •	• 650000

1000000 =

900000 + ...

700000 + ...

500000 + ...

300000 + ...

100000 + ...

1000000 =

200000 + ...

400000 + ...

600000 + ...

800000 + ...

1000000 + ...

1000000 =

950000 + ...

925000 + ...

850000 + ...

725000 + ...

580000 + ...

 N ______________________________ D ______________

1000000	$\cdot \frac{1}{2}$ →	500000	1000000	$\cdot \frac{1}{10}$ →		1000000	$\cdot \frac{1}{16}$ →	
1000000	$\cdot \frac{1}{4}$ →		1000000	$\cdot \frac{1}{20}$ →		1000000	$\cdot \frac{1}{50}$ →	
1000000	$\cdot \frac{1}{5}$ →		1000000	$\cdot \frac{1}{8}$ →		1000000	$\cdot \frac{1}{100}$ →	

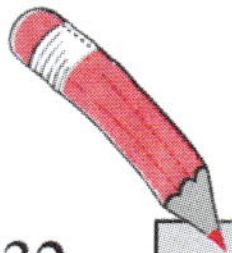

: , x , =

1000000	:	32	=	31250	15625		64		1000000
1000000		32		31250	1000000		64		15625
1000000		31250		32	64		15625		1000000
1000000		31250		32	1000000		15625		64
31250		32		1000000	1000000		64		15625

CM	DM	UM	C	D	U	
						← 13U 51D 2CM
						→
						← 25DM 3D 5U
						→
						← 63DM 63U
						→
						← 45U 45C 45DM
						→

 N ________________ D ________

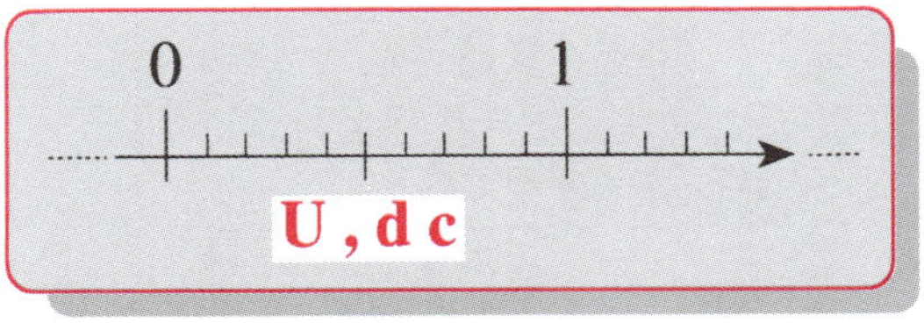

une unité

	U , d (dixièmes)	
$\frac{2}{10}$	0 , 2	0,2
$\frac{5}{10}$	0 , 5	0,5
$\frac{3}{10}$	,	
$\frac{1}{10}$	,	
$\frac{6}{10}$	,	
$\frac{9}{10}$	,	
$\frac{8}{10}$	,	
$\frac{4}{10}$	,	
$\frac{7}{10}$	,	
$\frac{10}{10}$	1 , 0	1

$\frac{10}{10}$ = une unité

0,3 - 0,9 - 0,7 - 0,1 - 0,5 - 0,2 - 0,4 - 0,6 - 0,8

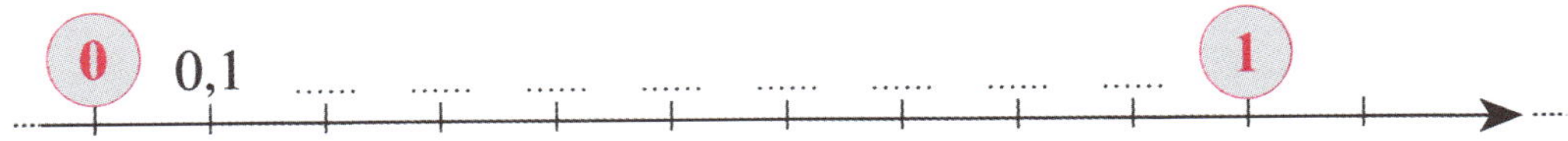

 N ____________________ D ____________________

+ 0,d → **U**

0 | 0,1 | 0,2 | 0,3 | 0,4 | 0,5 | 0,6 | 0,7 | 0,8 | 0,9 | **(1)** | 1,1 | 1,2 | 1,3 | 1,4 | 1,5 | 1,6 ...

1 =	**1 =**	**2 =**	**2 =**
0,1 + 0,9	0,5 + ...	1,1 + ...	0,2 + ...
0,2 + ...	0,9 + ...	1,2 + ...	0,5 + ...
0,3 + ...	0,6 + ...	1,4 + ...	1,9 + ...
0,4 + ...	0,7 + ...	1,6 + ...	1,8 + ...
1 + ...	0,8 + ...	1,7 + ...	0,1 + ...

1		**2**		**3**	
0,1	0,5	1,2	1,1	2,5	0,3
0,3	0,4	0,9	0,6	2,7	0,5
0,5	0,7	1,3	0,8	1,5	0,9
0,6	0,9	1,6	0,7	2,1	1,5
0,2	0,8	1,4	0,4	0,2	2,8

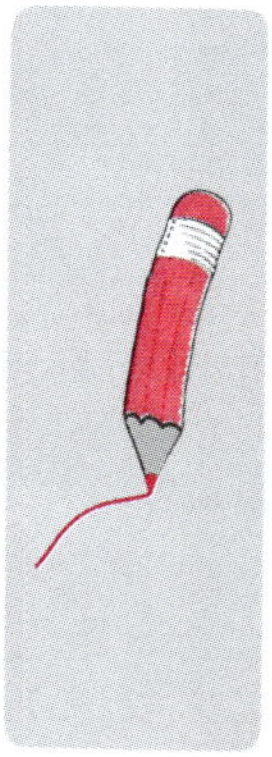

une unité = 1

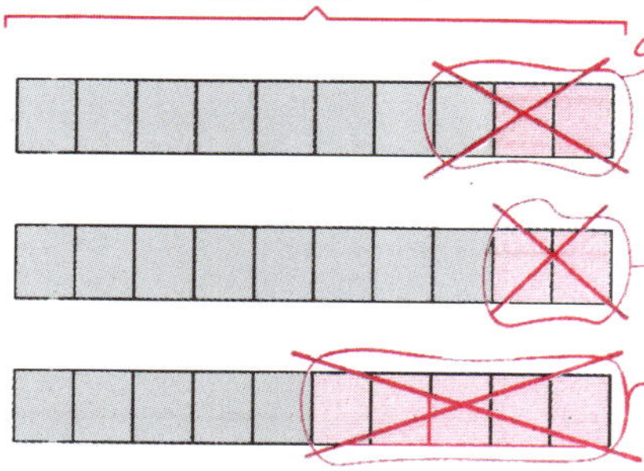

– 0,3 → **1 – 0,3 = 0,7**

– 0,2 → 1 – 0,2 = ...

– 0,5 → 1 – 0,5 = ...

 N ______________________________ D ______________

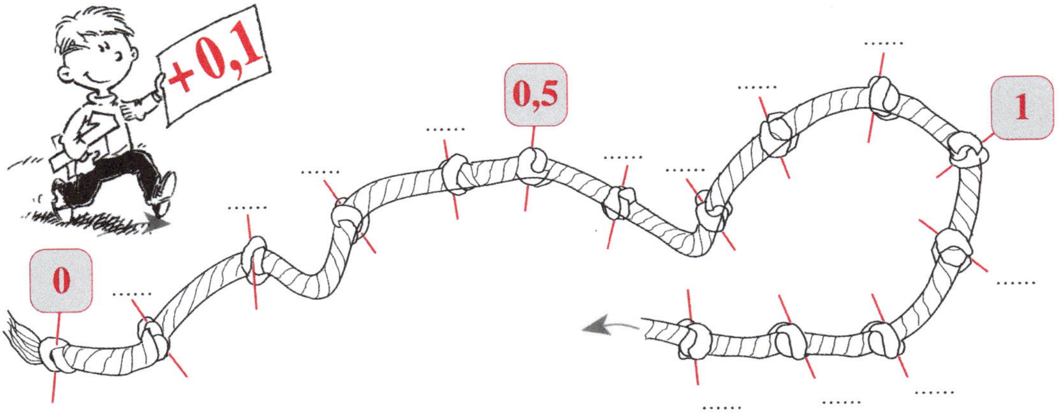

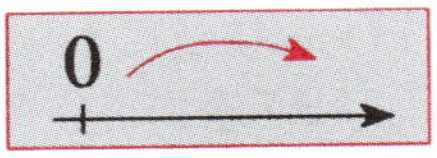

1,2 - 1,3 - 0,1 - 0,9 - 1,1 - 0,2 - 0,7 - 0,3 - 0,5 - 0,4 - 0,6 - 1 - 0,8 - 0
0 - 0,1 -

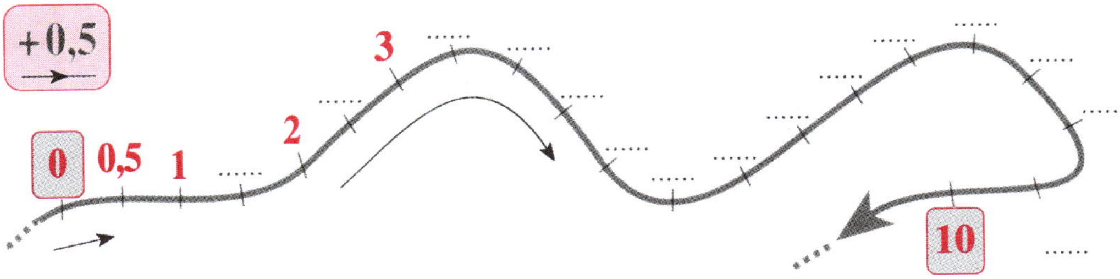

3,2 + ... = 5

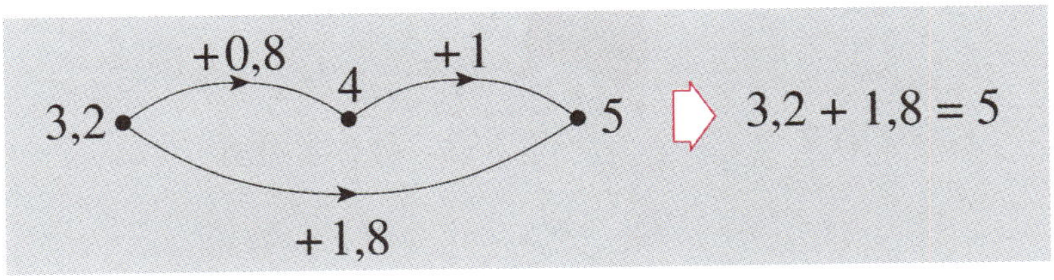

2,4 + ... = 4

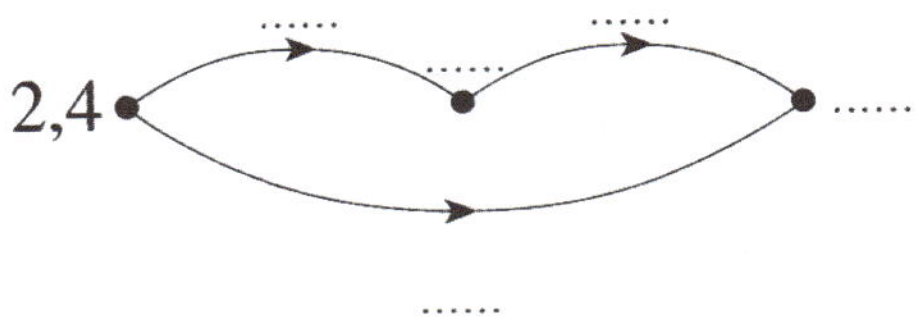

2,4 + ... = 4

 N ______________________________ D ______________

16 ___/___

5 =	5 =	10 =	10 =
4,1 + ...	2,5 + ...	9,1 + ...	8,6 + ...
3,1 + ...	3,2 + ...	8,2 + ...	7,5 + ...
0,1 + ...	1,3 + ...	3,5 + ...	4,5 + ...
1,1 + ...	0,2 + ...	7,3 + ...	9,2 + ...

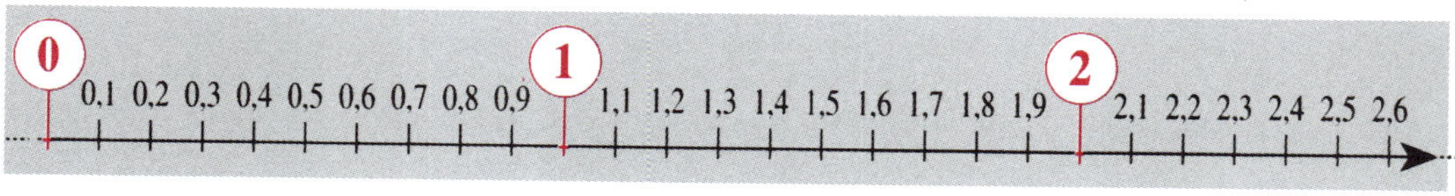

0,8 + 0,4

	U	,	d
	0	,	8
+	0	,	4
=	1	,	2

8d + 4d = 12d
12d = 1,2
⇨ 1,2

0,3 + 0,5

	U	,	d
		,	
+		,	
=		,	

⇨ ......

0,6 + 0,7

	U	,	d
		,	
+		,	
=		,	

⇨ ......

0,9 + 0,3

	U	,	d
		,	
+		,	
=		,	

⇨ ......

0,7 + 0,6

	U	,	d
		,	
+		,	
=		,	

⇨ ......

0,5 + 0,8

	U	,	d
		,	
+		,	
=		,	

⇨ ......

0,8 + 0,7

	U	,	d
		,	
+		,	
=		,	

⇨ ......

0,6 + 0,6

	U	,	d
		,	
+		,	
=		,	

⇨ ......

0,7 + 0,9

	U	,	d
		,	
+		,	
=		,	

⇨ ......

 N ______________________ D ______________

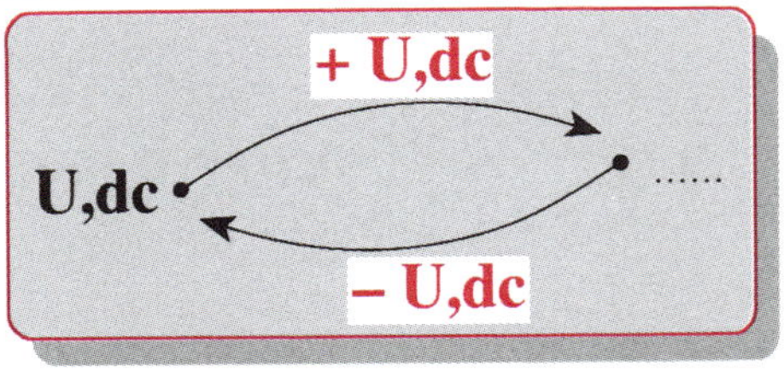

U	, d	c		
0	, 1		⇨ 0,1	= *un dixième* = *l'unité : 10*
0	, 0	1	⇨ 0,01	= *un centième* = *l'unité : 100*

rang des dixièmes — rang des centièmes

0,03 + 0,05 = **0,08**

0,01 + 0,03 = ...

0,06 + 0,02 = ...

0,08 + 0,01 = ...

0,02 + 0,03 = ...

0,07 + 0,02 = ...

0,05 + 0,04 = ...

0,01 + 0,07 = ...

{0,04 / 4c} + {0,08 / 8c} = {0,12 / 12 c *ou* 1 d *et* 2 c}

U	, d	c
0	, 1	2

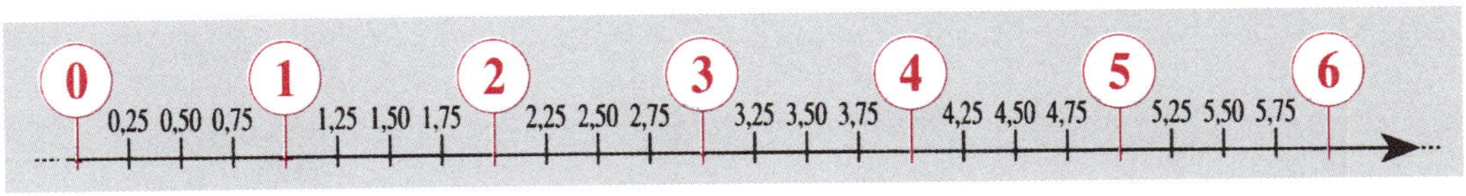

1,2 + ... = 2

1,25 + ... = 2

1,75 + ... = 2

1,50 + ... = 2

0,02 + ... = 1

0,04 + ... = 1

0,25 + ... = 1

0,75 + ... = 1

0,05 + ... = 1

0,05 + ... = 2

0,05 + ... = 3

0,75 + ... = 2

 N ____________________ D ____________

17 ...../.....

+...... 1 +......
0,4 • • • 3 ⇨ 0,4 + ... = 3
+......

+...... 1 +......
0,1 • • • 10 ⇨ 0,1 + ... = 10
+......

+...... 1 +......
0,06 • • • 2 ⇨ 0,06 + ... = 2
+......

+...... 1 +......
0,02 • • • 10 ⇨ 0,02 + ... = 10
+......

+...... 1 +......
0,02 • • • 4 ⇨ 0,02 + ... = 4
+......

+...... 1 +......
0,25 • • • 10 ⇨ 0,25 + ... = 10
+......

+...... 1 +......
0,75 • • • 7 ⇨ 0,75 + ... = 7
+......

+...... 1 +......
0,03 • • • 10 ⇨ 0,03 + ... = 10
+......

	1 unité = 1			
$\frac{1}{2}$ *unité*	......		......	
$\frac{1}{4}$ *unité*	......	......	......	......

$\frac{1}{2} \cdot 1 =$ ....
$1 : 2 =$ ....
$\frac{1}{4} \cdot 1 =$ ....
$1 : 4 =$ ....
$\frac{3}{4} \cdot 1 =$ ....

1 – 0,25 = ...
2 – 0,25 = ...
4 – 0,25 = ...
7 – 0,25 = ...

10 – 0,75 = ...
9 – 0,75 = ...
7 – 0,75 = ...
4 – 0,75 = ...

1 – 0,50 = ...
3 – 0,50 = ...
6 – 0,50 = ...
8 – 0,50 = ...

 N ______________________ D ______________

0,3 + 0,8 = ...
0,5 + 0,7 = ...
0,6 + 0,9 = ...
0,4 + 0,8 = ...
0,2 + 0,9 = ...

0,04 + 0,08 = ...
0,03 + 0,09 = ...
0,07 + 0,03 = ...
0,05 + 0,06 = ...
0,04 + 0,07 = ...

0,42 + 0,08 = ...
0,53 + 0,07 = ...
0,38 + 0,02 = ...
0,27 + 0,03 = ...
0,51 + 0,09 = ...

10 – 5,75

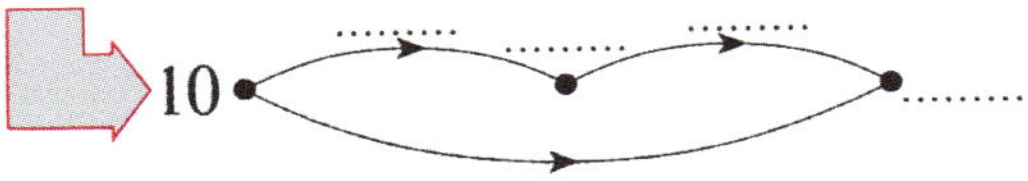

....

10 – 4,25

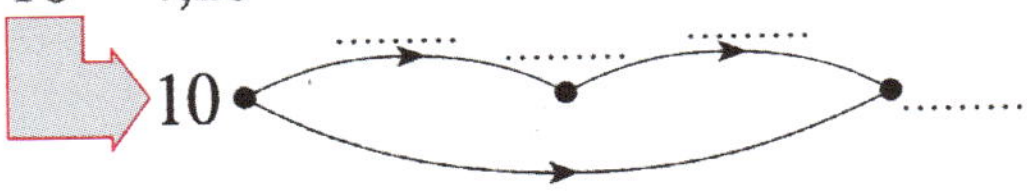

....

10 – 6,75

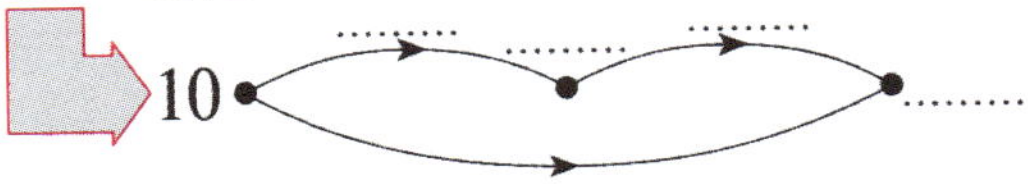

....

10 – 7,25

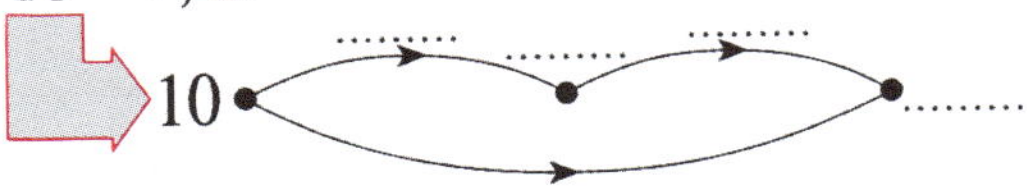

....

10 – 5,25

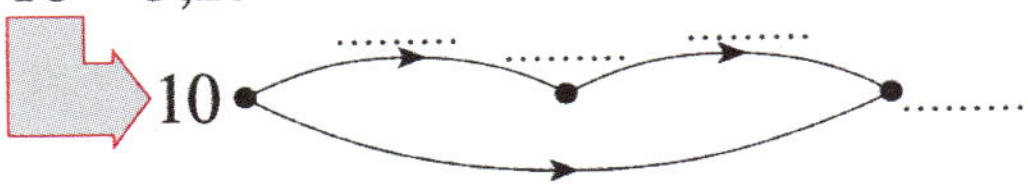

....

10 – 2,75

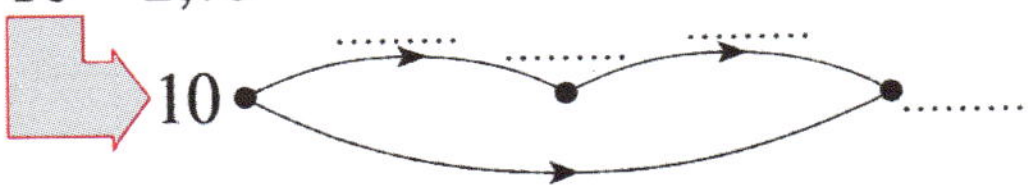

....

10 – 0,25

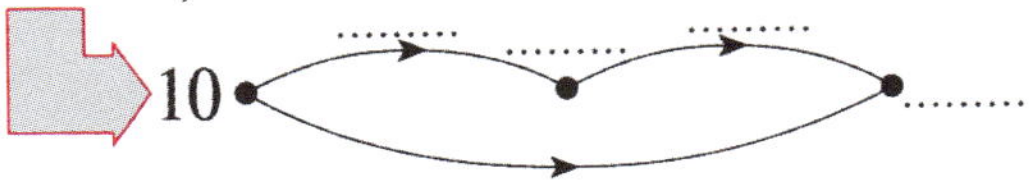

....

10 – 3,75

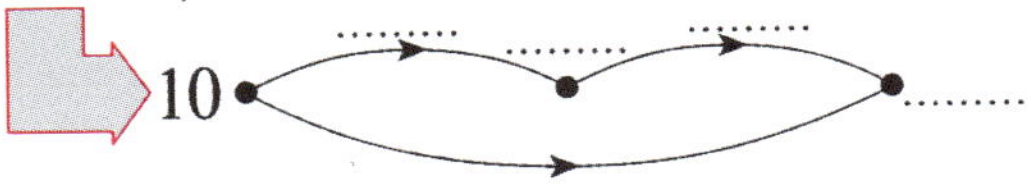

....

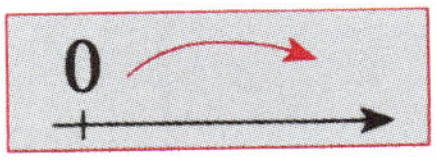

0,1 - 0,01 - 0,2 - 0,02 - 0,21 - 0,11 - 0,22 - 0,12
0,01 -

 N ______________________ D ______________

17 ___/___

10 =	**1 =**	**5 =**
0,2 + ………	0,1 + ………	0,25 + ………
0,25 + ………	0,25 + ………	0,02 + ………
7,25 + ………	0,75 + ………	4,3 + ………
9,75 + ………	0,50 + ………	0,5 + ………
6,5 + ………	0,01 + ………	2,5 + ………

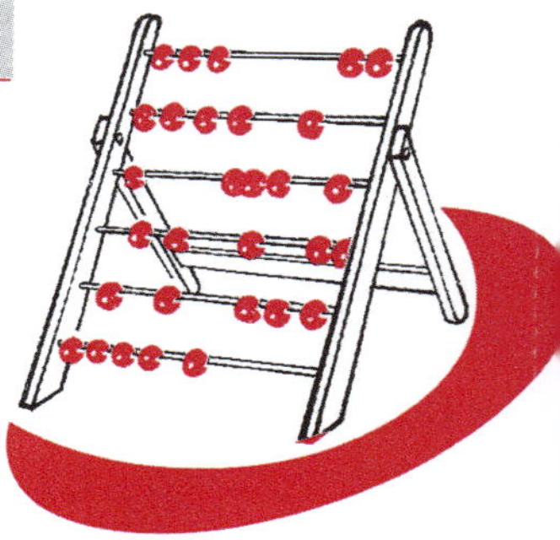

10 – 0,5 = ………	10 – 4 = ………	10 – 3 = ………
10 – 0,05 = ………	10 – 0,4 = ………	10 – 3,03 = ………
10 – 5 = ………	10 – 0,04 = ………	10 – 3,30 = ………
10 – 5,5 = ………	10 – 4,04 = ………	10 – 3,33 = ………
10 – 5,05 = ………	10 – 4,44 = ………	10 – 0,3 = ………

0 →

3 - 0,3 - 0,03 - 3,3 - 0,33 - 3,33 - 3,03
0,03 -

0,04 - 0,4 - 4 - 4,4 - 4,04 - 0,44 - 4,44
0,04 -

1		**10**		**5**	
0,01	0,98	5	0,25	2,5	4,25
0,25	0,99	7,75	5,75	0,25	4,5
0,02	0,5	9,75	5	0,75	2,5
0,5	0,75	4,25	2,25	0,01	4,75
0,75	0,25	1,25	8,75	0,5	4,99

 N ____________________ D ____________

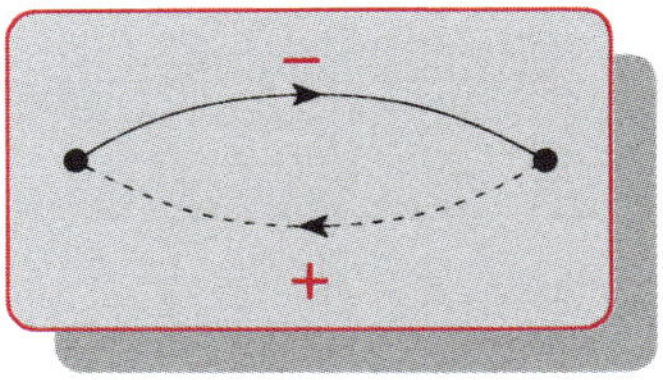

1428 – 315

6537 – 426

8372 – 261

− − −

= = =

\+ + +

2436 – 1325

6817 – 4712

9878 – 7563

− − −

= = =

\+ + +

 N ______________________ D ______________

18 ___/___

124,2 – 13,1

± 110

	C	D	U	,	d
	1	2	4	,	2
–		1	3	,	1
=	1	1	1	,	1
+		1	3	,	1
=	1	2	4	,	2

C	D	U	,	d	C	D	U	,	d	C	D	U	,	d

476,7 – 64,3

598,9 – 72,6

687,6 – 65,3

			,					,					,	

3 285,4 – 153,2

6 728,5 – 513,3

8 923,6 – 801,4

 N ______________________ D ______________

647,24 – 32,13

± 615

	C	D	U	,	d	c
	6	4	7	,	2	4
–		3	2	,	1	3
=	**6**	**1**	**5**	**,**	**1**	**1**
+		**3**	**2**	**,**	**1**	**3**
=	**6**	**4**	**7**	**,**	**2**	**4**

748,76 – 23,42

957,58 – 34,16

872,67 – 61,23

478,42 – 253,21

695,64 – 463,41

786,78 – 673,52

 N ______________________________ D ____________________

6 986,27 – 3 254,16

9 898,54 – 2 453,21

6 886,78 – 1 273,25

	2	...	3	...	,	8	...
–	...	6	...	5	,	...	3
=	1	1	1	2	,	2	3
+	...	...	...	...	,	...	...
=	...	...	...	...	,	...	...

	...	...	...	...	,	...	...
–	6	1	2	3	,	6	2
=	1	3	5	5	,	3	5
+	...	...	...	...	,	...	...
=	...	...	...	...	,	...	...

8 963,56 – 4 650,3

9 727,93 – 2 410,6

9 896,66 – 6 732,4

± 4300

	8	9	6	3	,	5	6
–	4	6	5	0	,	3	
=	4	3	1	3	,	2	6
+	...	...	...	...	,	...	...
=	...	...	...	...	,	...	...

 N ______________________ D ____________

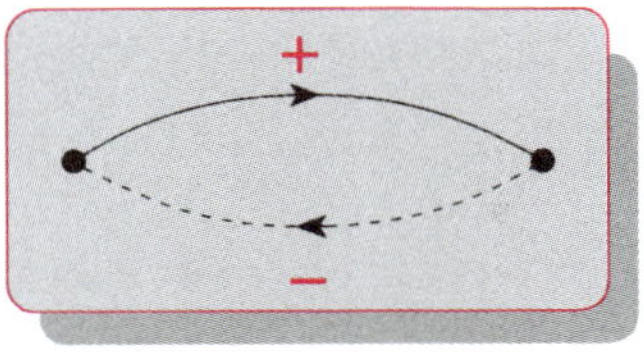

321 + 253 + 1100

4 + 222 + 2431

3 + 360 + 3033

+1

  4 6 8
+ 1 2 7
———
  5 9 5

8 + 7 = **1 5**

539 + 224

627 + 256

748 + 137

2438 + 244

6719 + 157

3268 + 627

1 + 7 + 8 = 16
16D = 1C *et* 6D

+1C +1D

	+1	+1	
	6	7	4
+	2	8	8
	9	6	2

4 + 8 = 12
12U = 1D *et* 2U

438 + 247

568 + 259

428 + 297

548 + 297

469 + 278

387 + 196

1 478 + 359

3 289 + 478

5 165 + 576

 N ______________________ D ______________

427,3 + 295,2

± 720

	+1	+1			
	C	**D**	**U**	**,**	**d**
	4	2	7	,	3
+	2	9	5	,	2
=	**7**	**2**	**2**	**,**	**5**

437,5 + 388,2

328,6 + 259,2

469,7 + 178,2

1 238,4 + 687,2

3 875,7 + 187,2

4 969,2 + 88,6

2479,4 + 53 + 285,

7 + 6889 + 167,4

72,6 + 5076,2 + 158,

 N ______________________________ D ______________

	+1					
	4	7	3	,	2	
		3	1	,	...	
+	...	0	...	,	3	
=	7	...	8	,	6	

	+1						
			5	...	,	1	
		...	2	7	,	3	
+	...	2	4	1	,	...	
=	1	8	...	9	,	6	

		+1					
		5	...	8	,	1	
				...	,	...	
+	...	...	4	1	,	4	
=	2	8	7	3	,	8	

41 + 4,04 + 257,03 + 1 000,01

0,02 + 5,03 + 678,01 + 41,02

57 + 3,4 + 123,06 + 6006,1 + 10,2

28,02 + 1,03 + 103,1 + 21,2 + 1000

 N ______________________ D ______________

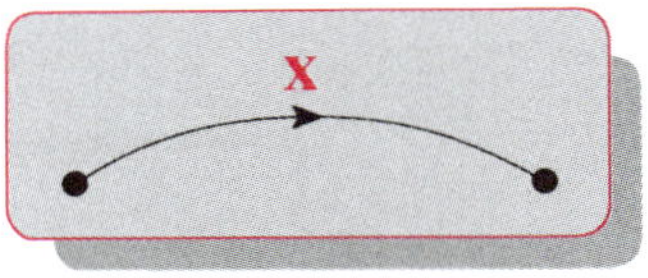

... ...	... ...	... ...	... ...
1 4 7	2 8 6	1 9 6	1 8 7
x 3	x 4	x 5	x 4
=	=	=	= ... ...

3 x 31,**47**

deux chiffres à droite de la virgule

± 93

	+1 +2
	3 1 , 4 7
x	3
=	9 4 , **4 1**

6 x 57,21

7 x 21,7

8 x 32,6

22 x 31,3

32 x 46,41

71 x 132,41

 N ______________ D ______________

20 ___/___

8,2 x 141,32

9,4 x 237,2

8,7 x 432,61

reports x 4

reports x 8

```
        6 2 4 7 , 3 1
              x   4 8
        4 … 9 7 … … …
+   2 … 9 … … 2 4
= 2 9 9 8 7 0 , 8 8
```

± 300 000

23 x 141,2

46 x 232,7

28 x 32,16

 N ______________________ D ______________

3 x 0 = 0 + 0 + 0 = 0

± 320

```
  +2
  1 0 8 , 2 2
x           3
-------------
= 3 2 4 , 6 6
```

(3 x 0) + 2 = 2

6 x 207,31

7 x 406,42

4 x 208,03

61 x 403,06

72 x 30,07

81 x 200,03

7 x 4030,03

8 x 1003,12

9 x 9009,09

 N ______________________ D ______________________

```
  723,6
x     6
-------
 4543,6
```
(crossed out) ➜

```
  723,6
x     6
-------
 ..........
```

```
  18,92
x     7
-------
 234,44
```
(crossed out) ➜

```
  18,92
x     7
-------
 ..........
```

```
  2   1
  492,6
x     ...
---------
 1477,8
```

```
 1 2  3
 53,58
x     ...
---------
 214,32
```

```
 2   2
 471,8
x     ...
---------
 1415,4
```

, ?

```
  12,02
x     3
-------
   3606
```

```
  20,6
x    7
------
  1442
```

```
  310,4
x     6
-------
  18624
```

```
  208,03
x      4
--------
   83212
```

---

31 x 1020,07

43 x 219,02

51 x 8031,12

 N ______________________ D ______________

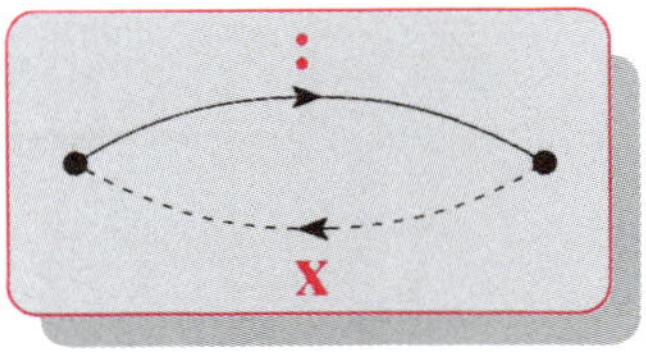

3616 : 4

492 : 6

7232 : 8

384 : 32

```
 384 | 32
- 32  | 12
   64 | x 32
 - 64 |   24
    0 |  36
      |  384
```

± 11

768 : 24

1034 : 94

1032 : 86

 N ______________________________ D ______________

21 ___/___

884 : 26

1 258 : 74

3 293 : 89

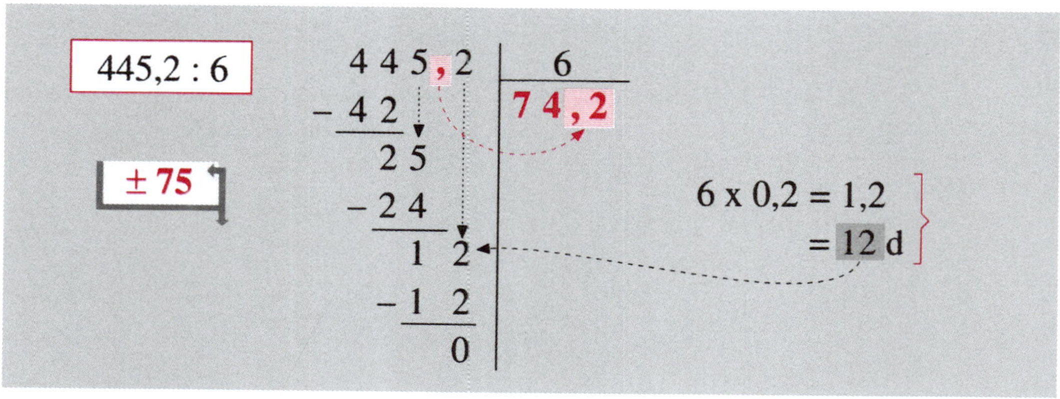

642,6 : 7

590,4 : 8

287,4 : 6

 N ______________________ D ______________

1 391,6 : 7

1 143,2 : 4

2 733,5 : 5

6 278,4 : 8

2 783,4 : 3

8 888,4 : 9

76536,7 : 61

6 864,1 : 43

 N ______________________ D ______________

13977,6 : 96

25819,6 : 68

```
15361,4 | 89
-89     | 172,6          ± 170
 ...    | x ... ...
-623    |   ..........
 ...    | + ..........
 -178   | = ..........
  ... 4 |
-  ... ...|
       0|
```

35794,2 : 78

23466,1 : 49

 N D

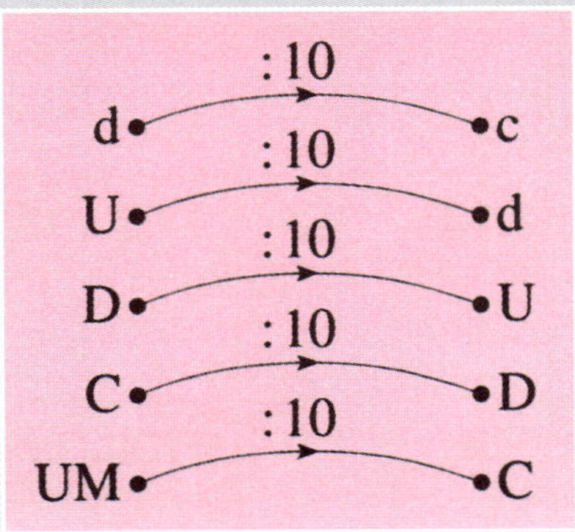

C	D	U ,	d	c	
	1	2			: 10
		1 ,	2		
		5 ,	6		: 10
		0 ,	5	6	

C	D	U	
2	1	0	: 10
...	...	...	
	4	0	: 10
...	...	...	
6	4	0	: 10
...	...	...	
	5	0	: 10
...	...	...	

D	U ,	d	c	
2	3			: 10
...	...	...	...	
3	1			: 10
...	...	...	...	
	1 ,	3		: 10
...	...	...	...	
	0 ,	1		: 10
...	...	...	...	

: 10	
30	....
41	....
330	....
420	....
551	....

$\cdot \frac{1}{10}$	
400	....
1 100	....
100000	....
110000	....
320	....

· 0,1	
7 070	....
707	....
70	....
700	....
70,7	....

22 ___/___

· 0,1

D	U	
	U	, d

· 0,1

108	10,8	1 080	180	1,8	18	188	18,8	180,8

· 0,1

190	910	91	19	91,9	9	1,9	9 100	19 000

· 0,1

73	850	60	6	38	42	521	1 200	284

· 10

	D	U
C	D	0

· 10		· 10		· 10	
4	....	17	....	0,25	....
7	....	1,7	....	0,5	....
31	....	71	....	2,5	....
22	....	0,71	....	25	....
412	....	107	....	5	....

130 → · 0,1 → ☐ 420 → $\cdot \frac{1}{10}$ → ☐ 4,7 → · 10 → ☐

1,4 → · 10 → ☐ 491 → $\cdot \frac{1}{10}$ → ☐ 527 → : 10 → ☐

 N ______________________ D ______________

$5 = \frac{10}{2}$ ⇨ · 10 ; : 2 ; · 5

· 5	3	5	7	2	4	6	1	8	9	10	0

· 5	11	15	13	16	12	14	18	19	17	20	21

71 · 10 ...... : 2 ...... (· 5)

52 · 10 ...... : 2 ...... (· 5)

24,2 · 10 ...... : 2 ...... (· 5)

2,4 · 10 ...... : 2 ...... (· 5)

47 · 10 ...... : 2 ...... (· 5)

1,44 · 10 ...... : 2 ...... (· 5)

· 10

7	....
70	....
700	....
17	....
8	....
80	....

· 10 : 2

19	....	....
31	....	....
4,6	....	....
0,32	....	....
7,2	....	....

· 5

 N ______________________ D ______________

22 ..... / .....

0,5 x 48 ⇨ $0,5 = \frac{1}{2} \cdot 1$

$0,5 \times 48 = \frac{1}{2} \cdot 48$

$= 24$

24	· 0,5 →			· 0,5 → 17	36	· 0,5 →	
	· 0,5 → 0,5	7	· 0,5 →			· 0,5 → 4,5	
300	· 0,5 →		1 000	· 0,5 →	420	· 0,5 →	

0,5 x 3 = ...

0,5 x 5 = ...

0,5 x 7 = ...

0,5 x 9 = ...

0,5 x 11 = ...

0,5 x 13 ⇨ $(\frac{1}{2} \cdot 10) + (\frac{1}{2} \cdot 3) =$ .... (...... ......)

0,5 x 15 ⇨ $(\frac{1}{2} \cdot$ ......$) + (\frac{1}{2} \cdot$ ......$) =$ .... (...... ......)

0,5 x 17 ⇨ $(\frac{1}{2} \cdot$ ......$) + (\frac{1}{2} \cdot$ ......$) =$ .... (...... ......)

· 10 - · 0,5 - · 1 - · 0,1 - · 0 - · 5

44	· 10 →	440	44	...... →	0	4,4	...... → 2,2
44	...... →	4,4	44	...... →	22	4,4	...... → 22
4,4	...... →	44	44	...... →	220	4,4	...... → 0,44

 N ________________ D ________________

25 = 100 : 4

24 x 25 ⇨ $\overbrace{(24 : 4)}^{6} \times 100 = 600$

ou

$\overbrace{(24 \times 100)}^{2400} : 4 = 600$

12 x 25 = (12 ....) .... = ... (......)

16 x 25 = (16 ....) .... = ... (......)

20 x 25 = (20 ....) .... = ... (......)

32 x 25 = (32 ....) .... = ... (......)

...... $\cdot$ 0,25 = ... : 4 = ... $\cdot \frac{1}{4}$

: 4	
4	....
8	....
16	....
28	....
24	....

$\cdot \frac{1}{4}$	
20	....
32	....
44	....
36	....
48	....

$\cdot$ 0,25	
100	....
200	....
80	....
60	....
240	....

M4 = multiple de 4

17 (M4+1) $\cdot$ 0,25 ⇨ $\overbrace{(16 : 4)}^{4} + \overbrace{(1 : 4)}^{0,25} = 4,25$

18 (M4+2) $\cdot$ 0,25 ⇨ $\overbrace{(16 : 4)}^{4} + \overbrace{(2 : 4)}^{0,5} = 4,5$

19 (M4+3) $\cdot$ 0,25 ⇨ $\overbrace{(16 : 4)}^{4} + \overbrace{(3 : 4)}^{0,75} = 4,75$

 N ______________________ D ______________

$2{,}5 = \frac{1}{4} \cdot 10$
$= 10 : 4$

x 2,5

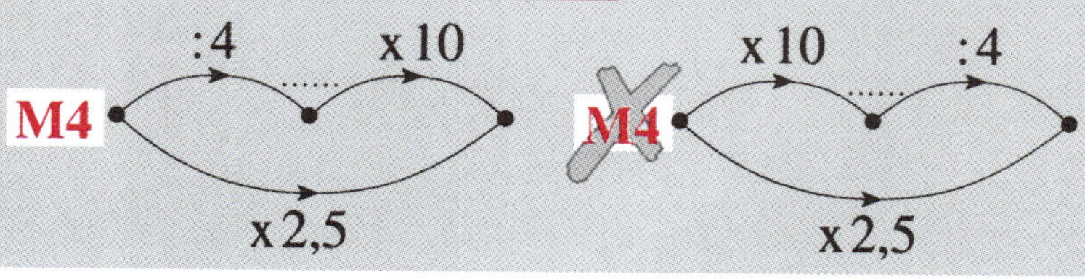

32 x 2,5 ⇨ 32 —(......)→ ...... —(......)→ ...... (x 2,5)

20 x 2,5 ⇨ 20 —(......)→ ...... —(......)→ ...... (x 2,5)

2,5 x 36 ⇨ 36 —(......)→ ...... —(......)→ ...... (x 2,5)

2,5 x 48 ⇨ 48 —(......)→ ...... —(......)→ ...... (x 2,5)

---

41 x 2,5 = (41 x 10) : 4 = ... (........ above 41 x 10)

27 x 2,5 = (27 x 10) : 4 = ... (........ above 27 x 10)

79 x 2,5 = 790 : 4
= ....

81 x 2,5 = 810 : 4
= ....

· 2,5

1	....
2	....
3	....
4	....

· 2,5

5	....
6	....
7	....
8	....

· 2,5

9	....
10	....
20	....
40	....

2,5 x .... = 10
2,5 x .... = 100
2,5 x .... = 1 000

5 = 2,5 x ....
50 = 2,5 x ....
500 = 2,5 x ....

7,5 = ... x 2,5
75 = ... x 2,5
750 = ... x 2,5

 N ______________________ D ______________

x 1,5

$1{,}5 = 1 + (\frac{1}{2} \cdot 1)$ ⇨ $24 \times 1{,}5 = 24 + (\frac{1}{2} \cdot 24)$
$= 24 + 12$
$= 36$

16 x 1,5 = **16 + 8**
= ....

64 x 1,5 = ...
= ....

50 x 1,5 = ...
= ....

32 x 1,5 = ...
= ....

88 x 1,5 = ...
= ....

70 x 1,5 = ...
= ....

48 x 1,5 = ...
= ....

92 x 1,5 = ...
= ....

100 x 1,5 = ...
= ....

.... x 1,5 = ... + 12
= ....

$\frac{1}{2} \cdot 25$ = ...
= ....

23 x 1,5 = ... + ...
= ....

.... x 1,5 = ... + 24
= ....

$\frac{1}{2} \cdot 37$ = ...
= ....

21 x 1,5 = ... + ...
= ....

.... x 1,5 = ... + 48
= ....

$\frac{1}{2} \cdot 43$ = ...
= ....

13 x 1,5 = ... + ...
= ....

x 1,25

$1{,}25 = 1 + (\frac{1}{4} \cdot 1)$ ⇨ $48 \times 1{,}25 = 48 + (\frac{1}{4} \cdot 48)$
$= 48 + 12$
$= 60$

24 x 1,25 = **24 + 6**
= ....

60 x 1,25 = ...
= ....

12 x 1,25 = ...
= ....

32 x 1,25 = ...
= ....

72 x 1,25 = ...
= ....

28 x 1,25 = ...
= ....

 N ______________________ D ______________

$\cdot\, 0{,}01 = \cdot\, \frac{1}{100} = :\, 100$

D	U , d	c
• ——→		
	• ——→	

10 x 0,01 = 0,1
1 x 0,01 = 0,01

· 0,01

70	....
80	....
90	....
60	....

· 0,01

5	....
4	....
8	....
2	....

· 0,01

150	....
820	....
730	....
450	....

x 1,1

$1{,}1 = 1 + (\frac{1}{10} \cdot 1)$ ⇨ $34 \text{ x } 1{,}1 = 34 + (\frac{1}{10} \cdot 34)$
$= 34 + 3{,}4$
$= 37{,}4$

42 x 1,1 = **42 + 4,2**
= ....

31 x 1,1 = ... + ...
= ....

53 x 1,1 = ... + ...
= ....

27 x 1,1 = ... + ...
= ....

68 x 1,1 = ... + ...
= ....

77 x 1,1 = ... + ...
= ....

69 x 1,1 = ... + ...
= ....

83 x 1,1 = ... + ...
= ....

123 x 1,1 = ... + ...
= ....

241 x 1,1 = ... + ...
= ....

325 x 1,1 = ... + ...
= ....

318 x 1,1 = ... + ...
= ....

 N ______________________ D ____________

Drill 4

Série **24** ___/___

x 9

9 = 10 – 1 ⇨ 23 x 9 = 23 x (10 – 1)
= 230 – 23
= 207

· 9	0	1	2	3	4	5	6	7	8	9	10	11	12

· 9	
13	....
21	....
37	....
54	....

· 9	
113	....
228	....
375	....
499	....

· 9	
1018	....
3721	....
4883	....
5976	....

37 x 9 = **370 – 37**
= ....

48 x 9 = **480 – 48**
= ....

56 x 9 = **560 – 56**
= ....

78 x 9 = ... – ....
= ....

89 x 9 = ... – ....
= ....

57 x 9 = ... – ....
= ....

58,3 x 9 = ... – ....
= ....

12,1 x 9 = ... – ....
= ....

27,2 x 9 = ... – ....
= ....

.... x 9 = 460 – ....
= ....

.... x 9 = 670 – ....
= ....

.... x 9 = 790 – ....
= ....

13,2 x 9 = ... – ....
= ....

15,1 x 9 = ... – ....
= ....

23,6 x 9 = ... – ....
= ....

.... x 9 = 141 – ....
= ....

.... x 9 = 278 – ....
= ....

.... x 9 = 387 – ....
= ....

 N ______________________________ D ______________

x 9,9

9,9 = 10 – 0,1 ⇨ 12 x 9,9 = 12 x (10 – 0,1)
= 120 – 1,2
= 118,8

130 – 1,3 = **129 – 0,3**
= **128,7**

250 – 2,5 = ... – ....
= ....

280 – 2,8 = ... – ....
= ....

140 – 1,4 = ... – ....
= ....

170 – 1,7 = ... – ....
= ....

370 – 3,7 = ... – ....
= ....

16 x 9,9 = **160** – ....
= ....

13 x 9,9 = ... – ....
= ....

21 x 9,9 = ... – ....
= ....

17 x 9,9 = **170** – ....
= ....

15 x 9,9 = ... – ....
= ....

37 x 9,9 = ... – ....
= ....

14 x 9,9 = **140** – ....
= ....

17 x 9,9 = ... – ....
= ....

48 x 9,9 = ... – ....
= ....

x 99

99 = 100 – 1 ⇨ 42 x 99 = 42 x (100 – 1)
= 4 200 – 42
= 4 158

51 x 99 = ... – ....
= ....

32 x 99 = ... – ....
= ....

4,6 x 99 = ... – ....
= ....

83 x 99 = ... – ....
= ....

2,3 x 99 = ... – ....
= ....

0,13 x 99 = ... – ....
= ....

 N ________________________ D ____________

x 0,9

0,9 = 1 – 0,1 ⇨ 23 x 0,9 = 23 x (1 – 0,1)
= 23 – 2,3
= 20,7

14 x 0,9 = **14 – 1,4**
= ....

38 x 0,9 = ... – ....
= ....

127 x 0,9 = ... – ....
= ....

13 x 0,9 = ... – ....
= ....

47 x 0,9 = ... – ....
= ....

231 x 0,9 = ... – ....
= ....

x 1,1

1,1 = 1 + 0,1 ⇨ 46 x 1,1 = 46 x (1 + 0,1)
= 46 + 4,6
= 50,6

12 x 1,1 = ... + ...
= ....

28 x 1,1 = ... + ...
= ....

560 x 1,1 = ... + ...
= ....

17 x 1,1 = ... + ...
= ....

39 x 1,1 = ... + ...
= ....

730 x 1,1 = ... + ...
= ....

x 1,01

1,01 = 1 + 0,01 ⇨ 57 x 1,01 = 57 x (1 + 0,01)
= 57 + 0,57
= 57,57

48 x 1,01 = ... + ...
= ....

63 x 1,01 = ... + ...
= ....

9 x 1,01 = ... + ...
= ....

 N ______________________ D ______________

43 x 9 = ...

= ....

43 x 9,9 = ...

= ....

43 x 0,8 = ...

= ....

57 x 1,1 = ...

= ....

57 x 0,9 = ...

= ....

57 x 1,01 = ...

= ....

68 x 9,9 = ...

= ....

68 x 1,01 = ...

= ....

68 x 0,9 = ...

= ....

x 9 - x 9,9 - x 0,9 - x 1,1 - x 1,01

51 x .... = 51 + 0,51

= ....

51 x .... = 51 – 5,1

= ....

51 x .... = 510 – 51

= ....

47 x .... = 47 + 4,7

= ....

47 x .... = 47 + 0,47

= ....

47 x .... = 47 – 4,7

= ....

63 x .... = 630 – 63

= ....

63 x .... = 630 – 6,3

= ....

63 x .... = 63 – 0,63

= ....

x 1 - x 10 - x 0,1 - x 0,01 - x 1,1 - x 1,01

6 x .... = 6

6 x .... = 60

6 x .... = 0,6

6 x .... = 0,06

6 x .... = 6,6

6 x .... = 6,06

7 x .... = 7,07

7 x .... = 0,07

8 x .... = 0,8

8 x .... = 8,8

9 x .... = 9,09

9 x .... = 0,09

.... x 0,1 = 8,2

.... x 0,01 = 0,17

.... x 1,1 = 17,6

.... x 0,9 = 6,3

.... x 9,9 = 49,5

.... x 9,9 = 59,4

.... x 9,9 = 69,3

.... x 9,9 = 29,7

.... x 0,9 = 4,5

.... x 0,9 = 5,4

.... x 0,9 = 6,3

.... x 0,9 = 7,2

 N ______________________________ D ______________

x 11

11 = 10 + 1 ⇨ 13 x 11 = 13 x (10 + 1)
= 130 + 13
= 143

	0	1	2	3	4	5	6	7	8	9	10
· 11											

11 x 11 = **110** + **11**
= ....

14 x 11 = ... + ...
= ....

11 x 17 = ... + ...
= ....

12 x 11 = ... + ...
= ....

11 x 15 = ... + ...
= ....

18 x 11 = ... + ...
= ....

11 x 13 = ... + ...
= ....

16 x 11 = ... + ...
= ....

11 x 19 = ... + ...
= ....

	20	30	40	50	60	70	80	90	100	200
· 11										

	300	400	500	600	700	800	900	1 000	2 000	3 000
· 11										

120 x 11 = ... + ...
= ....

621 x 11 = ... + ...
= ....

47,3 x 11 = ... + ...
= ....

240 x 11 = ... + ...
= ....

732 x 11 = ... + ...
= ....

51,8 x 11 = ... + ...
= ....

25 ..../....

x 10,1

10,1 = 10 + 0,1 ⇨ 53 x 10,1 = 53 x (10 + 0,1)
= 530 + 5,3
= 535,3

47 x 10,1 = ... + ...
= ....

6 x 10,1 = ... + ...
= ....

63,5 x 10,1 = ... + ...
= ....

58 x 10,1 = ... + ...
= ....

4 x 10,1 = ... + ...
= ....

47,6 x 10,1 = ... + ...
= ....

7 x 10,1 = ... + ...
= ....

5 x 10,1 = ... + ...
= ....

69,6 x 10,1 = ... + ...
= ....

x 10,01

10,01 = 10 + 0,01 ⇨ 34 x 10,01 = 34 x (10 + 0,01)
= 340 + 0,34
= 340,34

37 x 10,01 = ... + ...
= ....

41 x 10,01 = ... + ...
= ....

53 x 10,01 = ... + ...
= ....

28 x 10,01 = ... + ...
= ....

43 x 10,01 = ... + ...
= ....

71 x 10,01 = ... + ...
= ....

26 x 10,01 = ... + ...
= ....

56 x 10,01 = ... + ...
= ....

88 x 10,01 = ... + ...
= ....

10,1 x 57 = ... + ...
= ....

11 x 93 = ... + ...
= ....

10,01 x 87 = ... + ...
= ....

x 11,1

11,1 = 10 + 1 + 0,1 ⇨ 13 x 11,1 = 13 x (10 + 1 + 0,1)
= 130 + 13 + 1,3
= 144,3

14 x 11,1 = **140** + **14** + **1,4**
= ....

53 x 11,1 = ... + ... + ...
= ....

26 x 11,1 = ... + ... + ...
= ....

78 x 11,1 = ... + ... + ...
= ....

173 x 11,1 = ... + ... + ...
= ....

367 x 11,1 = ... + ... + ...
= ....

x 11,01

11,01 = 10 + 1 + 0,01 ⇨ 27 x 11,01 = 27 x (10 + 1 + 0,01)
= 270 + 27 + 0,27
= 297,27

31 x 11,01 = **310** + **31** + **0,31**
= ....

78 x 11,01 = ... + ... + ...
= ....

47 x 11,01 = ... + ... + ...
= ....

86 x 11,01 = ... + ... + ...
= ....

165 x 11,01 = ... + ... + ...
= ....

598 x 11,01 = ... + ... + ...
= ....

62 x 11,1 = ... + ... + ...
= ....

62 x 11,01 = ... + ... + ...
= ....

 N ______________________ D ______________

28 x 10,1 = ...
= ....

47 x 11,01 = ...
= ....

28 x 10,01 = ...
= ....

47 x 11,1 = ...
= ....

65 x 10,1 = ...
= ....

65 x 10,01 = ...
= ....

x 10,1 - x 10,01 - x 11 - x 11,1 - x 11,01

37 x .... = 370 + 3,7
= ....

37 x .... = 370 + 37
= ....

37 x .... = 370 + 37 + 0,37
= ....

44 x .... = 440 + 44
= ....

44 x .... = 440 + 0,44
= ....

44 x .... = 440 + 44 + 4,4
= ....

☐	· 0,1 →	0,8	4	· .... →	40,4	6	· 11 →	☐
9	· 0,1 →	☐	4	· .... →	40,04	☐	· 11,01 →	55,05
☐	· 11 →	77	4	· .... →	44,04	3	· .... →	33,3

7 x 0,1 •	• 7,7
7 x 0,01 •	• 77,7
7 x 1,1 •	• 0,7
7 x 11,1 •	• 0,07

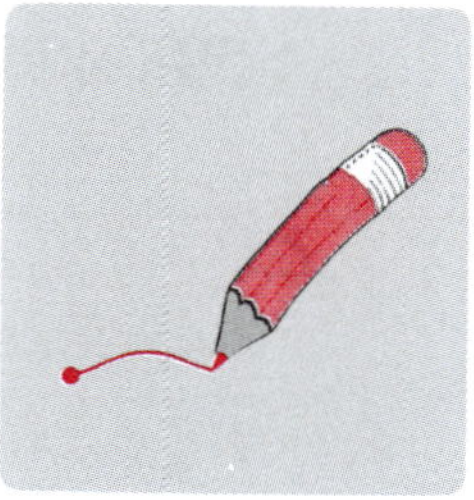

55,5 •	• 5 x 10,1
55,05 •	• 5 x 11,1
50,05 •	• 5 x 11,01
50,5 •	• 5 x 10,01

 N ______________________________ D ______________

DU,dc – DU,dc
DU,dc + DU,dc

– 2D

423,15	**403,15**
78,3	....
1027	....
48,5	....
20,02	....

– 2d

3,27	**3,07**
1,4	....
36,73	....
102,22	....
0,22	....

–2U

12,2	4,06	2,22	20,2	10,01	10,88	7,5	7,55	5,05	2,02

0,d + 0,d

0,7 + 0,6 ⇨ 0,7 —(+0,3)→ 1 —(+0,3)→ 1,3 ; 0,7 —(+0,6)→ 1,3

0,5 + 0,8 ⇨ 0,5 —(+......)→ 1 —(+......)→ ...... ; +0,8

0,6 + 0,7 ⇨ 0,6 —(+......)→ 1 —(+......)→ ...... ; +......

0,4 + 0,9 ⇨ 0,4 —(+......)→ 1 —(+......)→ ...... ; +0,9

0,5 + 0,9 ⇨ 0,5 —(+......)→ 1 —(+......)→ ...... ; +......

 N ______________________ D ______________

26 ..... / .....

U,d + 0,d

1,6 + 0,8 ⇨ = (1,6 + 0,4) + 0,4 (2)
= 2,4

1,8 + 0,7 = (1,8 + ...) + ... (.........)
= ....

2,6 + 0,7 = (2,6 + ...) + ... (...3...)
= ....

1,9 + 0,6 = (......... + ...) + ... (.........)
= ....

4,8 + 0,5 = (......... + ...) + ... (.........)
= ....

2,8 + 0,6 = (......... + ...) + ...
= ....

6,7 + 0,6 = (......... + ...) + ...
= ....

0 — 0,1 — 0,2 — 0,3 — 0,4 — 0,5 — 0,6 — 0,7 — 0,8 — 0,9 — 1 — 1,1 — 1,2 — 1,3 — 1,4 — 1,5 — 1,6 →

1,5 + 0,6 = ...	1,6 + 0,6 = ...	1,7 + 0,4 = ...	1,8 + 0,3 = ...
1,5 + 0,7 = ...	1,6 + 0,7 = ...	1,7 + 0,6 = ...	1,8 + 0,4 = ...
1,5 + 0,8 = ...	1,6 + 0,8 = ...	1,7 + 0,7 = ...	1,8 + 0,5 = ...
1,5 + 0,9 = ...	1,6 + 0,9 = ...	1,7 + 0,8 = ...	1,8 + 0,6 = ...

+ 0,5	2,7	2,8	2,6	2,9	3,6	3,7	3,8	4,7	3,9	4,9	4,6

+ 0,7	5,4	5,5	5,6	5,7	5,8	5,9	6,9	6,8	6,7	6,6	6,5

 N ______________________ D ______________

Drill 4

Série 26 __/__

U,d – 0,d

2,5 – 0,8 ⇨ $= \overbrace{(2{,}5 - 0{,}5)}^{2} - 0{,}3$

$= 1{,}7$

3,6 – 0,7 = (........ – ....) – ....
= ....

3,8 – 0,9 = (........ – ....) – ....
= ....

4,2 – 0,5 = (........ – ....) – ....
= ....

7,2 – 0,6 = (........ – ....) – ....
= ....

5,7 – 0,9 = (........ – ....) – ....
= ....

4,3 – 0,6 = (........ – ....) – ....
= ....

9,6 – 0,8 = ...	4,2 – 0,6 = ...	5,6 – 0,7 = ...	12,6 – 0,7 = ...
7,4 – 0,6 = ...	9,3 – 0,7 = ...	8,5 – 0,8 = ...	14,3 – 0,6 = ...
6,5 – 0,7 = ...	7,5 – 0,6 = ...	7,3 – 0,6 = ...	15,6 – 0,8 = ...
8,3 – 0,5 = ...	4,6 – 0,8 = ...	9,1 – 0,8 = ...	17,3 – 0,6 = ...

– 9d		– 9d		– 9d	
5,6 →	....	2,3 →	....	13,7 →	....
7,6 →	....	4,3 →	....	17,7 →	....
8,6 →	....	6,3 →	....	22,7 →	....
4,6 →	....	7,3 →	....	41,8 →	....
6,6 →	....	5,3 →	....	36,7 →	....
3,6 →	....	1,3 →	....	56,8 →	....

 N ______________________ D ______________

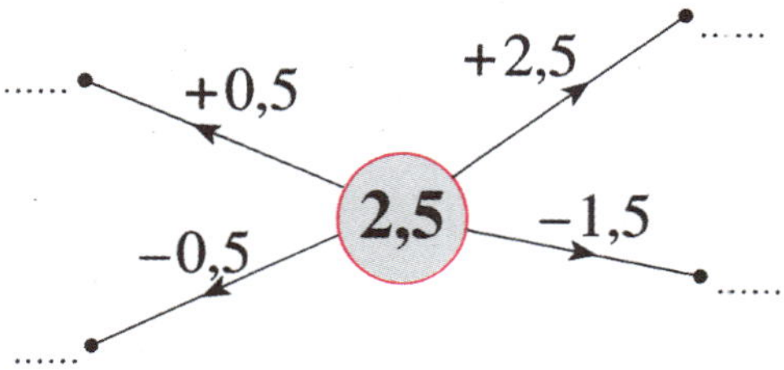

2,4 + 0,6 = ...
2,4 − 0,6 = ...
2,4 + 1,6 = ...
2,4 − 1,6 = ...
2,4 + 2,6 = ...

3,7 + 0,8 = ...
3,7 − 0,8 = ...
3,7 − 1,8 = ...
3,7 + 1,8 = ...
3,7 + 2,8 = ...

45,6 − 21,8 = ... − ....
= (........ − ....) − ....
= ....

39,4 − 17,6 = ... − ....
= (........ − ....) − ....
= ....

56,8 − 14,9 = ... − ....
= (........ − ....) − ....
= ....

57,4 − 16,9 = ... − ....
= (........ − ....) − ....
= ....

48,3 − 16,5 = ... − ....
= (........ − ....) − ....
= ....

63,4 − 42,6 = ... − ....
= (........ − ....) − ....
= ....

0,6 + 0,7 = ...
1,6 + 0,7 = ...
1,6 − 0,7 = ...
2,6 − 0,7 = ...

3,4 − 0,8 = ...
3,4 + 0,8 = ...
2,4 − 1,8 = ...
4,4 − 2,8 = ...

4,8 − 2,7 = ...
4,8 − 2,9 = ...
4,8 − 0,9 = ...
4,8 + 0,9 = ...

−0,7	12,3	24,6	17	7	11,7	41,2	50,1	100	26,2	70

−0,8	22,2	10	18	23	46,4	55,6	153,7	276,4	1 000	70,9

 N ______________________ D ______________

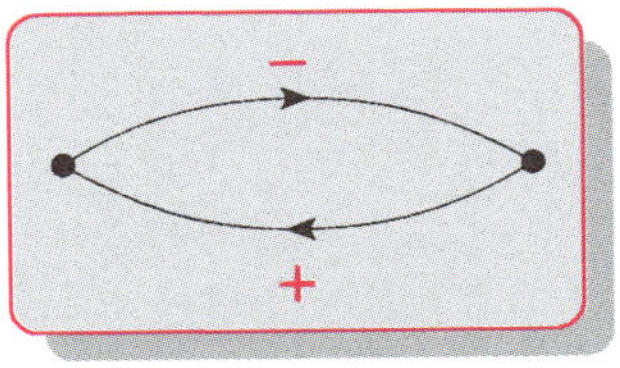

	4	13
	–1	+10
1	5	3
–	4	8
= 1	0	5

① 3 – 8 (barré)

② *Retire une dizaine et ajoute-la au rang des unités :* D – 1 / U + 10

	C	D	U
reports		–1	+10
	4	2	3
–	1	1	7
=	...	...	6

	C	D	U
reports		–1	+10
	6	2	4
–	3	1	7
=	...	...	...

	C	D	U
reports		–1	+10
	4	3	2
–	2	2	8
=	...	...	...

576 – 249 = ☐

	C	D	U
reports			

263 – 128 = ☐

	C	D	U
reports			

472 – 356 = ☐

	C	D	U
reports			

673 – 225

436 – 217

922 – 614

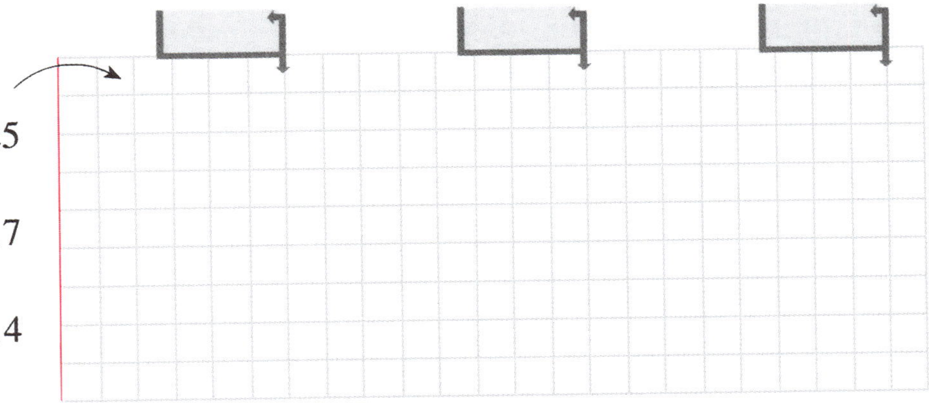

27 ___/___

224,4 – 12,6

148,3 – 24,5

172,2 – 61,4

341,52 – 30,24

127,43 – 14,17

251,61 – 31,43

427,31 – 16,28

566,42 – 54,36

671,51 – 60,48

 N ______________________________ D ______________

2647,42 – 426,17

4869,31 – 645,28

2896,22 – 564,16

4876,21 – 632,18

5963,12 – 721,08

15687,52 – 4265,46

6629,53 – 2418,34

8974,46 – 78,46

9651,31 – 43,02

 N ____________________ D ____________________

−1 +10	−1 +10 −1 +10
2 … 2 , … 6	… … … … , … …
− 2 … , 3 …	− 1 2 0 , 6 2
9 1 , 1 4	4 1 9 2 , 0 9

2 148,16 – 49,15

7 029,24 – 18,54

9 071,28 – 81,14

4 269,14 – 1 717,12

6 284,68 – 4 191,34

9 736,75 – 4 824,64

 N ______________________ D ______________

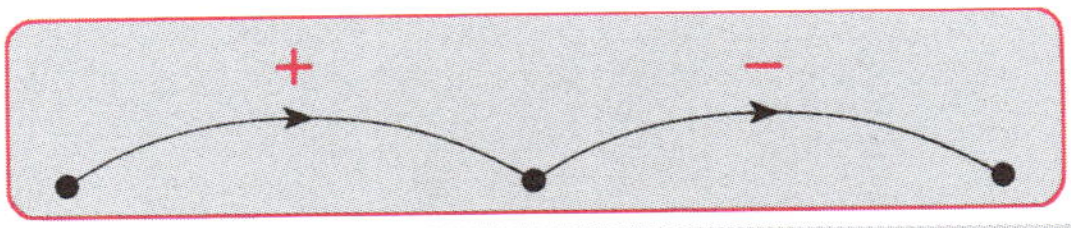

+ 199

199 = 200 – 1 ⇨ 2 347 + 199 = (2 347 + 200) – 1
= 2 546

1 547 + 199 = ...
= ....

2 836 + 299 = ...
= ....

5 827,4 + 399 = ...
= ....

6 728,42 + 299 = ...
= ....

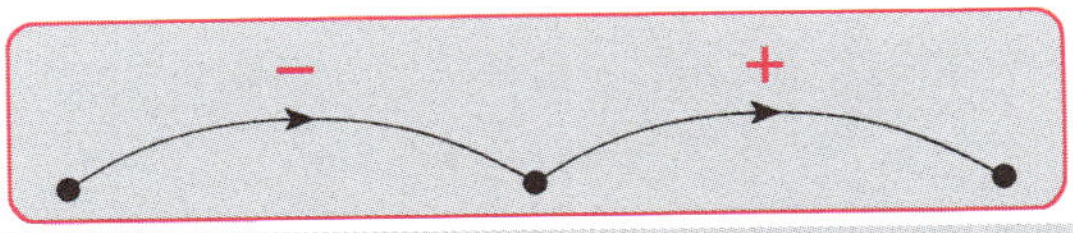

– 199

199 = 200 – 1 ⇨ 4 846 – 199 = (4 846 – 200) + 1
= 4 647

6 378 – 199 = ...
= ....

4 643 – 199 = ...
= ....

6 763 – 299 = ...
= ....

6 687,4 – 399 = ...
= ....

ou

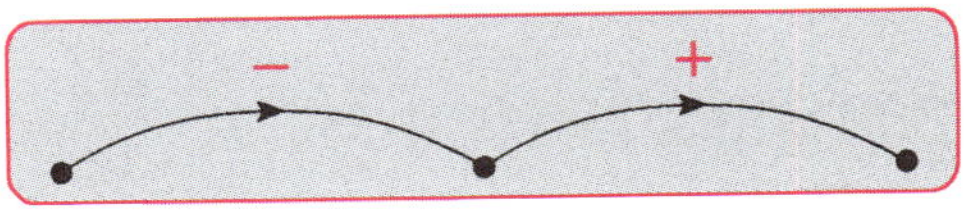

7 428 – 199 = ...
= ....

4 231 + 499 = ...
= ....

 N ______________________ D ______________

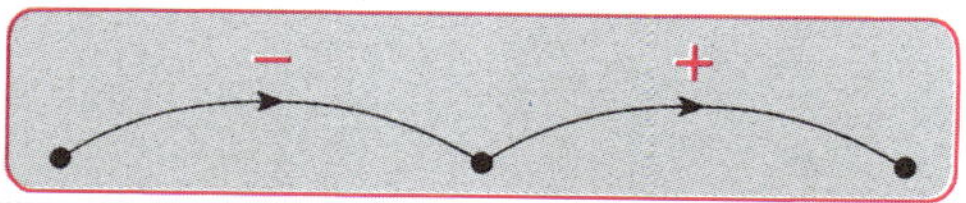

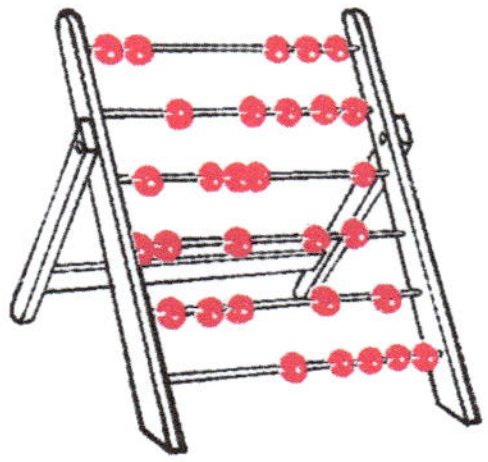

100 000 – 79 000 = (100 000 – 80 000) + 1 000
= 21 000

100 000 – 89 000 = ...
= ....

100 000 – 39 000 = ...
= ....

100 000 – 59 000 = ...
= ....

100 000 – 19 000 = ...
= ....

600 000 – 290 000 = (600 000 – 300 000) + 10 000
= 310 000

700 000 – 390 000 = ...
= ....

400 000 – 290 000 = ...
= ....

700 000 – 193 000 = (700 000 – 200 000) + 7 000
= 507 000

800 000 – 296 000 = ...
= ....

480 000 – 196 000 = ...
= ....

 N ______________________________ D ______________

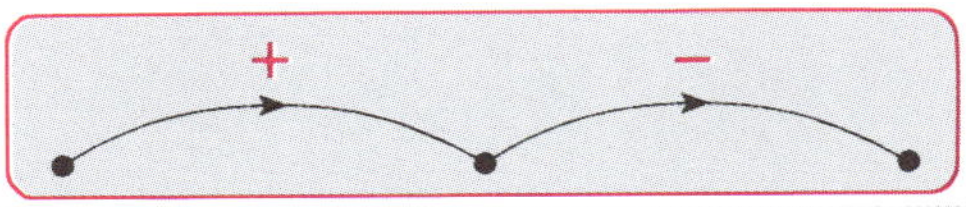

650 000 + 293 000 = (650 000 + 300 000) − 7 000
= 943 000

430 000 + 396 000 = ...
= ....

560 000 + 191 000 = ...
= ....

120 000 + 293 000 = ...
= ....

415 263 + 289 000 = ...
= ....

573 696,43 + 392 000 = ...
= ....

683 721 + 391 000 = ...
= ....

325 197 + 275 000 = (325 197 + 300 000) − 25 000
= 600 197

430 000 + 185 000 = ...
= ....

628 500 + 275 000 = ...
= ....

693 717,21 + 185 000 = ...
= ....

1 000 000 – 69 000 = ...

= ....

1 000 000 – 690 000 = ...

= ....

1 000 000 – 99 000 = ...

= ....

1 000 000 – 89 000 = ...

= ....

673 + 199 = ...

= ....

673 – 199 = ...

= ....

467,15 – 99 = ...

= ....

467,15 + 99 = ...

= ....

650 – .... = (650 – 200) + 15

= ....

720 – .... = (720 + 100) – 25

= ....

460 – .... = (460 – 100) + 1

= ....

730 – .... = (730 – 400) + 3

= ....

960 – .... = (960 – 300) + 6

= ....

230 + ... = (230 + 400) – 15

= ....

.... – 199 = (........... – 200) + 1

= 28

.... – 285 = (........... – 300) + 15

= 245

.... – 175 = (........... – 200) + 25

= 285

.... – 392 = (........... – 400) + 8

= 124

.... – 294 = (........... – 300) + 6

= 136

.... – 285 = (........... – 300) + 15

= 390

 N ______________________ D ______________

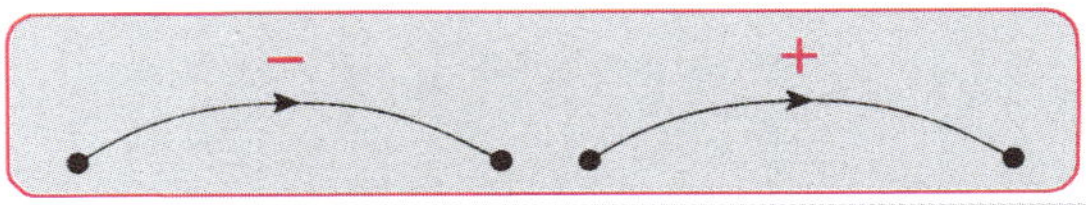

432,6 – 224,07

	-1	+10			-1	+10
	4	3	2	,	6	0
–	2	2	4	,	0	7
=	**2**	**0**	**8**	**,**	**5**	**3**

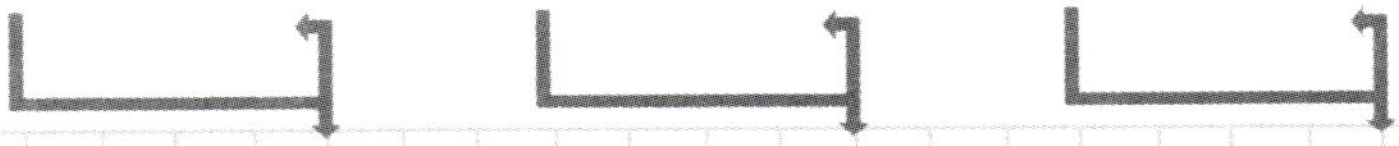

527,2 – 435,06

241,3 – 136,07

9424,4 – 512,09

6000 – 396,13

		9	9	9		9	
		+10	+10	+10		+10	
	-1	– 1	– 1	– 1		– 1	+10
	6	0	0	0	,	0	0
–		3	9	6	,	1	3
=	**5**	**6**	**0**	**3**	**,**	**8**	**7**

4000 – 296,17

50000 – 1327,16

60000 – 17432,41

29 ___/___

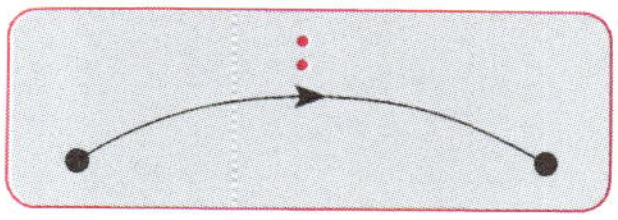

2 … 8 3	4 1
– 2 4 …	6 3
0 1 2 …	*Preuve :*
– … … …	
… … …	

… 1 0 …	5 7
– 3 … …	7 …
0 1 1 4	*Preuve :*
– 1 1 4	
… … …	

5 162 : 89

7 488 : 78

4 263 : 49

75518 : 78

25056 : 58

18019 : 37

 N ______________________________ D ______________

6528 x 703

```
      6528
  x    703
  --------
     19584
+  4569600
  --------
=  4589184
```

4517 x 604

9321 x 507

4672 x 703

3707 x 607

49341 x 208

65743 x 306

79914 x 4002

48619 x 6002

97373 x 7004

 N ______________________ D ______________

6704,3 x 435,02

9700,1 x 689,31

100000 x 7893,59

PREUVES !

0,17 + 918 + 2800,23

472,13 + 4021,24 + 60000

8900,27 + 2072,43 + 612

5206 : 56

6468 : 77

7476 : 84

PREUVES !

N ______________________________ D ______________

TABLE DES MATIÈRES

Séries | Consignes et pictogrammes | Pages

1 **Complète** la suite des nombres jusque 1 000. 3

UM

2 **Recherche** le complément des nombres pour arriver à l'unité de mille supérieure. 7

UM + D + C

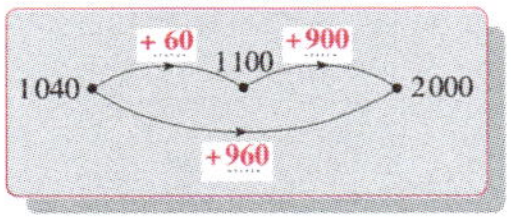

3 **Retire** une partie des nombres pour arriver à des centaines inférieures. 11

CDU – CDU

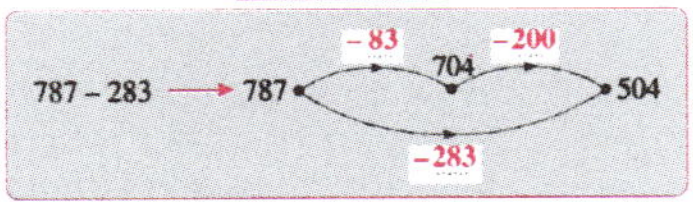

4 **Multiplie** ou **divise**. Révision des tables des multiples. 15

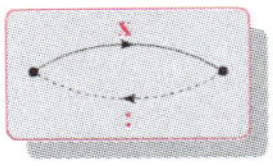

5 **Remets** les nombres dans l'ordre jusque 10 000. 19

UM – CDU – DU – U

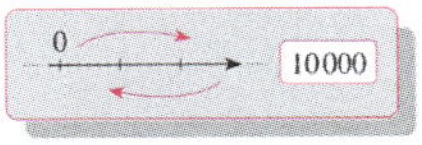

6 **Réalise** les soustractions en calcul écrit. 23

UM – UM – C – D – U | UM – CDU

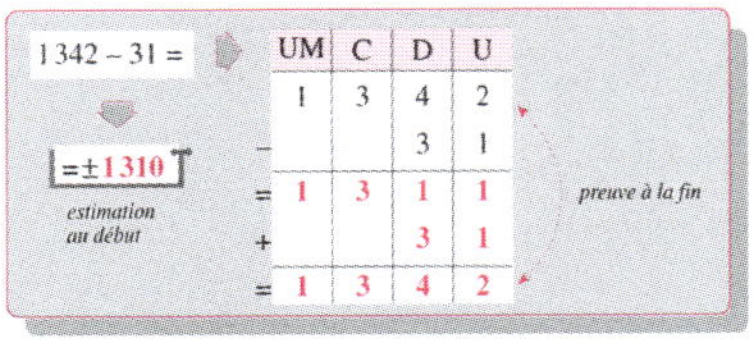

7 **Réalise** les additions en calcul écrit. 27

UM + CDU + DU + U

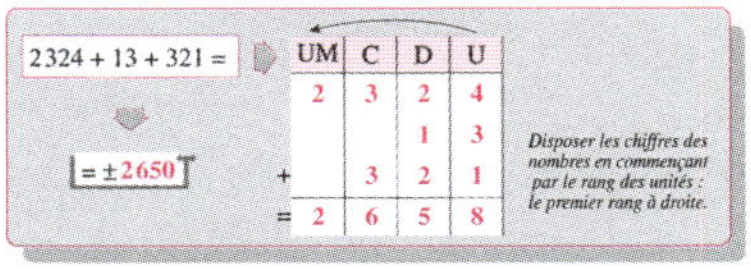

8 **Multiplie** ou **divise** par 25. 31

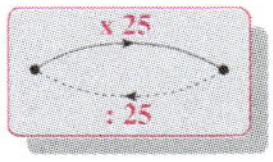

9 **Réalise** les **additions** en calcul mental. 35

CDU + CDU

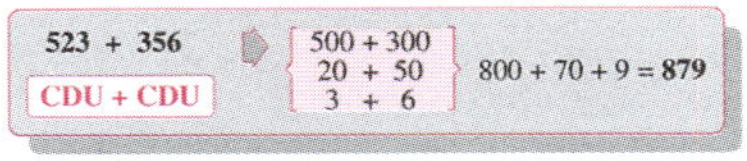

10 **Réalise** des **soustractions** en décomposant le second terme de l'opération. 39

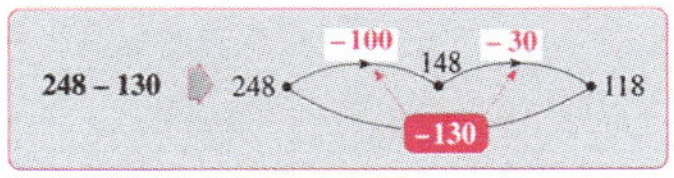

11 **Réalise** les **multiplications** et les divisions. 43

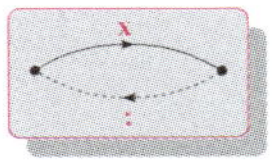

12 **Réalise** les **multiplications** en calcul écrit. 47

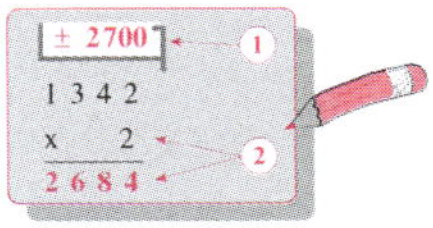

13 **Réalise** les **divisions** sur les unités de mille. 51

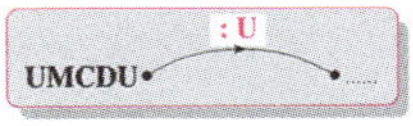

14 En route vers les **centaines de mille**, numération sur les centaines de mille. 55

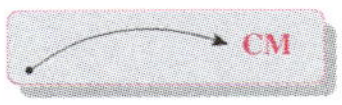

15 **Complète** la suite des nombres jusque 1 000 000. 59

TABLE DES MATIÈRES

Séries — Consignes et pictogrammes — Pages

16 — ***Compose*** *les nombres décimaux.* — 63

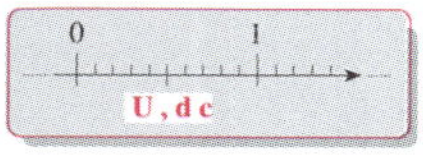

17 — ***Réalise*** *les* ***additions*** *et les soustractions sur les nombres décimaux.* — 67

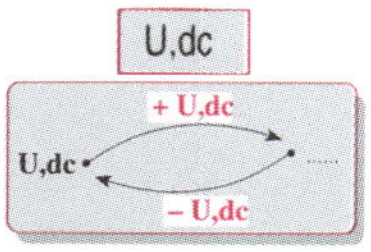

18 — ***Réalise*** *les* ***soustractions*** *en calcul écrit sans oublier les preuves.* — 71

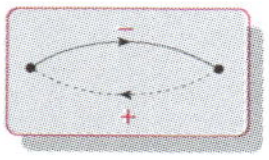

19 — ***Réalise*** *les* ***additions*** *en calcul écrit sans oublier les preuves.* — 75

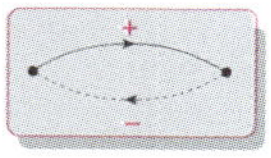

20 — ***Réalise*** *les* ***multiplications****.* — 79

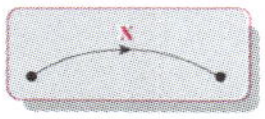

21 — ***Réalise*** *les* ***divisions*** *et leur preuve.* — 83

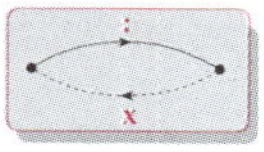

22 — ***Réalise*** *les* ***multiplications*** *à l'aide des procédés.* — 87

· 0,1 - · 10 - · 5 - · 0,5

23 — ***Réalise*** *les* ***multiplications*** *à l'aide des procédés.* — 91

· 0,25 - · 2,5 - · 1,5 - · 1,25 - · 0,01

24 — ***Réalise*** *les* ***multiplications*** *à l'aide des procédés.* — 95

· 9 - · 0,9 - · 9,9 - · 99 - · 1,1 - · 1,01

25 — ***Réalise*** *les* ***multiplications*** *à l'aide des procédés.* — 99

x 10 - x 10,1 - x 10,01 - x 11 - x 11,1 - x 11,01

26 — ***Réalise*** *les* ***additions*** *et les* ***soustractions*** *de nombres décimaux.* — 103

D U , d c – D U , d c
D U , d c + D U , d c

27 — ***Réalise*** *les* ***soustractions*** *en calcul écrit en réalisant des emprunts et sans oublier la preuve.* — 107

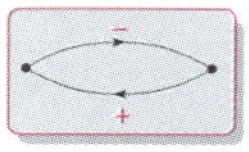

28 — ***Réalise*** *les* ***additions*** *et les* ***soustractions*** *en compensant.* — 111

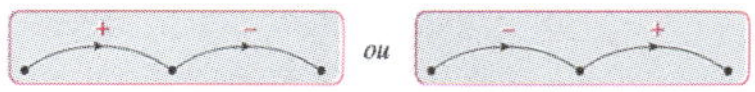

29 — ***Calcul écrit :*** *réalise des opérations particulières.* — 115

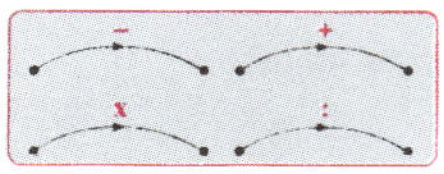